# 기본 환경화학

이동석 著

21세기사

환경은 인간을 포함한 생물체에 직접적으로 혹은 간접적으로 영향을 끼치는 모든 요소 뿐 아니라, 그 요인으로 생기는 주변과의 관계를 포함한다. 자연은 이런 모든 환경 요소의 합이고 그것이 종합적으로 상호 작용하는 곳이며 인간은 그 속에 살고 있다.

환경의 변화는 대기 중의 미세 먼지와 먹는 물의 수질 또는 토양 경작지의 중금속 문제 등에 국한되지 않는다. 인구가 증가함에 따라 환경에 다양한 변화가 나타날 확률도 증가할 것이다. 삶의 질 향상에 대한 요구와 더불어 인간 활동에 기인하는 화학 물질의 양이 많아지고 종류도 늘어났다.

따라서 환경에서 일어나는 물질의 화학 반응을 이해하여 유용한 물질의 합리적 이용과 유해한 물질의 오염 현상에 대응할 수 있는 기술적 대안 모색이 필요하다. 이러한 분야에 깊은 관심을 갖는 환경 관련 전문가들에게 제일 먼저 필요한 것은 기초 화학에 대한 이해이다. 책이 전하려는 내용을 통하여 환경 변화를 이해하고 그 과정을 기술할 수 있는 환경화학의 기본 지식을 갖춤으로써, 다양한 환경 현상을 설명할 수 있고 환경 문제 해결에 자기 주도적인 방안을 제안할 수 있는 역량이 커지길 기대한다.

인간이 경험하는 다양한 환경 현상 뿐 아니라 앞으로 나타날 새로운 환경 문제를 화학적 관점에서 고찰하는 것은 지구 환경의 보존과 새로운 과학 기술 개발을 위해서도 매우 중요하다. 이 책의 쓰임이 환경에 대한 관심과 환경오염 문제를 고찰하는 데 화학이라는 도구가 중요한 역할을 한다는 것을 알게 하는 계기가 되었으면 한다.

*2019년 8월 춘천에서 지은이 씀*

목차

## 1 지구의 환경

# 2

# 환경 이해의 도구 – 기초 일반 화학

3

# 대기권

# 4

## 수질권

# 5

# 유기화학의 기본

6

# 환경 속의 중금속

# 1
# 지구의 환경

# 1.1 환경에 관한 생각

오늘날 우리가 대기 오염, 수질 오염, 토양 오염 등에 관하여 보고 듣고 직접 겪는 환경 문제들은 매우 다양하다. 그 가운데에는 기후 변화, 오존층 파괴, 산성비, 해양오염, 화학물질 배출과 확산 등을 포함하여 지구 환경을 바꾸고 생물계를 위협하는 많은 현상이 속하며 이들은 지속적으로 나타난다.

적극적인 환경론자들은 환경오염을 비롯한 지구의 지속적 변화에 주목하면서, 현재와 같은 상황을 방치하면 머지않아 지구는 더 이상 사람이 살 수 없는 곳이 될 수도 있다고 경고하고, 그들 중에서는 수십 년 내에 치명적 위기에 이를 것이라는 매우 비관적인 예견을 하는 학자들도 있다. 한편 이와는 달리 환경론자들이 통계를 부풀려 해석하거나, 위기의식이 필요한 환경 단체나 운동가들이 언론과 합작해 이룬 과장 이라는 회의론자들도 있다.

이러한 환경 문제는 기본적으로 인간이 삶에서 무엇에 우선 가치를 두는가에 대한 논제 일 수 있다. 우리가 어떤 세계에서 살아갈 것인 지 각 개인이 생각하고 행동하는 데 따라 지구 위의 환경은 달라질 것이다.

그렇다면 지구 환경 문제에 대한 당신의 생각은 어떻습니까?

비관론을 앞세우는 학자들의 주장처럼, 그렇게 되리라고 믿고 싶지 않으며 또 그렇게 되도록 내버려 두어서도 안되겠지만, 무엇이 그러한 염려를 불러일으키는지 생각해 보는 것은 환경 문제를 이해하고 해결 방안을 모색하는 시작이 될 수 있을 것이다. 우리가 살고 있는 지구의 환경문제에 관한 여러가지 주제를 생각해 볼 수 있는데, 주제의 선정과 중요도 혹은 우선순위 등은 각 국가나 지역 혹은 개인에 따라 다를 것이며, 한 주체 내에서도 관심과 이익에 따라 다양한 논의가 이어질 수 있다. 아래의 주제들은 환경에 관한 수많은 생각들 중에서 주관적으로 선정할 수 있는 몇 가지 예들이다.

## 1.1.1 기아

굶주림은 얼핏 생각하면 환경문제와는 거리가 있는 듯이 느껴진다. 그러나 넓은 의미에서 혹은 근본적인 인간의 삶과 관련해서 만성적인 기아는 지구 환경 문제의 핵심 중 하나이며, 우리에게 잘 알려진 아프리카의 몇몇 국가만의 문제가 아니고 아시아와 남미의 많은 국가들뿐 아니라 소위 선진국에서도 계층간 혹은 지역에 따라서도 기아 현상 문제가 나타난다. 인구과잉 문제가 세계 기아문제 발생의 주요한 원인이라고 볼 수 있으나, 이는 식량생산 등 농업이나 산업 발전과도 밀접하게 관련되어 있다. 무엇보다 여러가지, 전 지구적인 정치적, 경제적 혹은 사회적 원인 등으로 인하여 기아 문제 해결이 앞으로도 쉽지 않고 미래에는 더 심각해질 것으로 보인다.

## 1.1.2 물

깨끗한 물은 보호해야할 중요한 원천 자원임을 잊지 말아야하고, 물을 한정 자원으로 여기며 사용량을 절약하기 위한 다양한 방안을 항상 고려해야 한다. 또한 물의 순환은 기후와 지형적인 요인 등 자연에 의한 영향도 매우 크기 때문에 전 지구적인 환경 문제와 관련이 있다. 물은 인간이 삶을 영위하는 필수 영양 물질 일 뿐 아니라 자연생태계와 농업 축산업 등 인간 생활을 지탱하는 모든 산업의 뿌리이다. 물은 사용과 동시에 처음의 상태를 벗어나게 되므로 물에 관한 관리는 매우 중요하다.

## 1.1.3 공기

산업 발전은 여러 환경오염을 더욱 더 가중시키는 데 그 중에서도 인간의 호흡과 관련한 대기 환경 문제는 매우 심각하다. 대기 오염은 배출 가스 관리가 소홀한 개발도상국가에서 더 심하지만, 이미 산업화된 국가들이 발전 과정에서 배출한 대기 오염물질이 누적된 문제도 있다. 특히 대기 오염은 배출 장소에 국한되지 않고 국경을 넘나드는 확산 특성으로 인하여, 오늘날 깨끗한 공기에 관한 문제는 국가간 혹은 전 지구적인 차원에서 관심과 우려가 증가하고 있다.

## 1.1.4 자원 개발

세계적으로 대단위 상업적인 광산 채굴이 시작된 이후 다양한 기술 공정이 새로이 개발되고 있는데, 새 공정들은 더 효율적이고 긍정적인 기술이지만, 다른 한편으로 환경에 새로운 영향을 끼치는 결과를 낳기도 한다. 특히 저개발 국가나 개발도상국가 등에서 일어나는 자원 개발의 노력은 환경오염 방지나 저감에 관한 관리 소홀 혹은 기술 미비 등을 나타내는 경우가 많다. 자원에 대한 요구는 증가할 수 밖에 없으며, 자원이 부족한 국가들은 해외로 눈을 돌릴 수 밖에 없다. 이런 경우에도 전 지구적인 환경 관리와 감시에 적절한 자원개발 기술로 대응할 수 있어야 한다.

## 1.1.5 폐기물

사회가 발전하여 경제 규모가 커질수록 인간의 소비 욕망은 증가하고 그에 따라 쓰레기 발생량도 늘어난다. 자원 절약과 환경 보호를 위해 리싸이클링(recycling))으로 이루어지는 체계적인 자원 활용도 넘쳐나는 쓰레기 발생 문제를 근본적으로 방지하기엔 역부족이다. 자원의 개발, 이용, 재사용등으로 이어지는 전 과정에 대하여 사려깊게 생각하면서 폐기물의 감소, 처리 및 처분에 대한 많은 연구가 필요하다.

## 1.1.6 종 다양성

포유동물 뿐 아니라 수많은 곤충과 작은 동물들 그리고 식물 종 까지, 지구상 존재하는 생물들이 멸종 위기에 몰리고 있다. 열대우림 지역의 목재 남벌만으로도 매일 여러 곤충류들이 지구상에서 사라지고 있다고 보고되고 있으며 많은 노력에도 멸종 위험이 거의 멈추지 않기 때문에 심각하다. 동물이나 곤충이 살 수 있는 공간이 점점 줄어들고 기후 변화를 비롯한 지구 환경 변화가 많은 동식물의 생존 여건과 먹이 사슬에 영향을 끼침으로써 미래의 종 다양성은 더욱 위협을 받을 것으로 예상되며 이는 곧 생물자원의 감소와 인간의 생활 및 생존환경에 변화를 가져올 것으로 예상된다.

## 1.1.7 인구 증가

현재 전 세계 인구는 약 70억 이며, 향후 2050년 97억, 2100년에는 112억 명에 이를 것으로 예상된다. 이런 인구 증가는 인류의 생존에 필요한 자원의 감소를 의미하기도 한다. 사실 인구 증가는 이미 지속 가능한 수준을 넘어서고 있다고 볼 수도 있다. 인구가 증가할수록 환경 문제는 복잡해지는 데, 예를 들어 대기로 배출하는 여러 오염 물질 중 이산화탄소를 비롯한 온실가스도 증가하여 기후 변화 위기가 커질 수 있는 것과 같은, 인류 생존에 직접적인 영향을 끼치는 다양한 현안 문제를 일으킬 수 있다. 필요한 자원도 무한정 개발 가능한 것은 아니다. 다행히도 신재생 에너지 개발 등으로 필요한 대체 자원 확보 연구 등으로 지속 가능 발전 방법을 찾고 있지만, 인구 문제 자체는 변하지 않고 인구 증가가 환경에 끼치는 영향에 대응하고 있는 게 현실이다.

## 1.1.8 환경 재난

소규모이면서 점진적으로 불어나는 변화만이 환경문제의 전부는 아니다. 대단위 환경 재난들, 예를 들어 쓰나미로 인한 일본 후쿠시마의 핵발전소 유출사고에서부터 해양 유조선사고 또는 여러 가지 화학물질에 의한 사고 등은 일련의 커다란 환경문제를 일으킨다. 이러한 문제들 중에는 자연적인 것뿐만 아니라 인간의 오류로 인한 것도 많으며 그 문제로 인한 피해가 장기간에 혹은 여러 세대에 걸쳐 심각한 영향을 끼치게 된다.

## 1.1.9 오존층 파괴

지구와 대기권 사이의 오존층은 오래 전부터 줄어들고 있다. 그 주된 원인은 무엇보다도 기체상의 염소 결합 화합물이 성층권에 유입되고 있는 데 따른다. 그 물질들은 낡은 냉장고의 냉매 기체 뿐 아니라 화학물질을 사용하는 작업 공정에서 유출되는 기체 등 다양한 인간활동에 따라 생성된 물질들이다. 오존 홀 형성에 따른 지구 생태계의 변화는 심각한 결과를 초래할 것이 명백한 까닭에 다행히도 과학적인 규명과 함께 전 지구적인 노력이 추구되고 있으나, 단기간에 해결되는 문제가 아닌 만큼 오존층에 대한 관찰과 보존을 위한 국가간 협약과 활동이 지속되고 있다.

## 1.1.10 기후 변화

점진적인 지구온난화는, 일부 검증 혹은 논쟁의 여지가 있다는 학자도 있으나, 과학적으로 많은 증거가 제시되어 있다. 환경오염에 의해 지구온난화가 일어나고 있다는 것 외에도 다른 요인들이 기후변화를 일으킨다고 생각되기도 한다. 전문가들은 지구온난화와 그에 따른 기후변화가 앞으로도 수십 년간 더 악화될 것으로 예상하고 있다. 지구온난화가 지속되고 심해지면 기후변화로 인한 폐해도 증가할 것이다. 기후변화로 인해 생물 종의 20 %가 멸종 위기에 처했고, 2100년에는 현재의 50 %가 위기에 처할 수 있다고 하며, 모든 국가들이 파리기후협약을 따른다 해도 지구 평균온도는 산업화 이전에 비해 2 ℃ 이상 증가할 가능성이 크다고 한다.

# 지구 환경의 영역 1.2

우리가 살고있는 지구를 권역별로 나누면, 크게 생물권과 무생물권으로 나눌 수 있으며, 무생물권은 대기권, 수질권, 지질권으로 구별된다. 따라서 지구의 환경은 대기권(atmosphere), 수권(hydrosphere), 지질권(geosphere) 및 생물권(biosphere)으로 구성되어 있으며, 그 중 지질권을 다시 세분하면 지각권(pedosphere)과, 암석권(lithosphere)으로 나눌 수 있다.

〈그림〉 지구의 권역 구분

대기권은 지구를 둘러싸고 있는 공기층이며, 수질권은 지구에 존재하는 여러 형태의 물을 가르키는 데, 바다의 해양수, 호소수, 강물, 그리고 여러 곳의 눈과 얼음 등을 포함한다. 지질권 중 지각권은 암석의 풍화를 통해 생겨난 곳으로 토양 생물이 존재하는 권역을 일컬으며, 암석권은 지구의 내부 암석층을 말하는 것으로 지각아래에서 지구 맨틀의 윗부분에 이르는 영역을 말한다. 생물권은 생물이 살고 있는 지구의 전체 영역에 해당하는 데, 그 영역은 생물이 서식하는 지각권을 포함하여 수질권과 지표면에서 대기권의 아래에 걸쳐 나타난다.

지구의 총 표면적은 $5.1 \times 10^8$ ㎢인데, 이를 펼치면 한 변의 길이가 약 22,600 ㎞인 정사각형 크기가 된다. 이 평면 중에 사람이 살 수 있는 곳은 극히 일부분인데, 왜냐하면 약 71 %가 바다이고, 그 나머지도 사막이나 산맥, 혹은 빙하로 되어있어 인간이 거주하기 어렵다. 표는 지구의 크기와 영역에 따른 면적, 혹은 부피 등을 나타낸다.

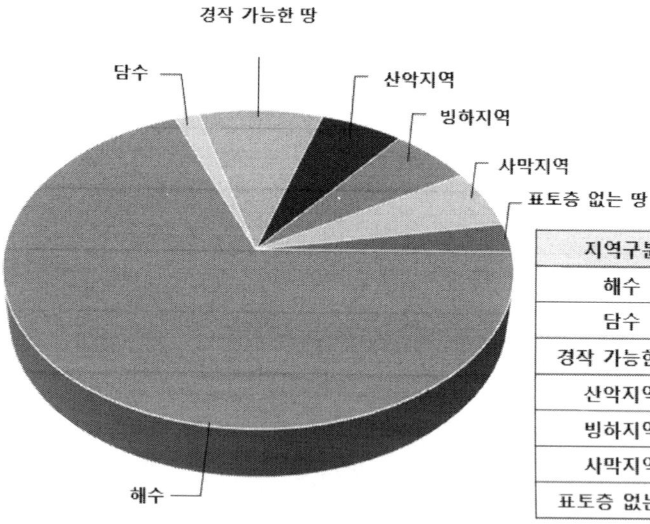


| 지역구분 | 면적 ($\times 10^6$ ㎢) | 비율 (%) |
|---|---|---|
| 해수 | 352.1 | 69.0 |
| 담수 | 9.0 | 1.8 |
| 경작 가능한 땅 | 44.7 | 8.8 |
| 산악지역 | 29.8 | 5.8 |
| 빙하지역 | 29.8 | 5.8 |
| 사막지역 | 29.8 | 5.8 |
| 표토층 없는 땅 | 14.9 | 2.9 |

〈그림〉 지구의 표면적 분포

# 지구 환경의 조성 1.3

지구 환경을 이해하기 위해서는 먼저 각 권역을 구성하고 있는 물질에 대한 지식이 필요하다. 환경 화학은 이 물질들의 순환과 상호 작용 그리고 그 변화에 대한 체계적 설명과 이해를 돕는다. 먼저 지구 환경의 각 권역을 이루고 있는 물질은 무엇인지 그 조성에 대해 알아본다.

## 1.3.1 대기권 구성 원소

우리가 대기권이라 부르는, 지구를 둘러싼 얇은 막은 여러 가지 기체의 혼합물이다. 가장 많은 기체는 질소(Nitrogen)로써, 전체 기체의 약 78 %를 차지한다. 다음으로 많은 기체는 산소(Oxygen)이며 대기권의 21 % 정도이고 이어서 아르곤(Argon)이 약 0.9 %인데, 대기 중 이 세 기체가 차지하는 비율이 99.9 % 이상을 차지하고 이들의 절대량은 거의 일정하게 유지되고 있다. 한편 그 다음으로 농도가 높은 대기권 기체는 이산화탄소(Carbon dioxide)로 대기 중 조성비는 약 0.039 %로 아르곤과의 차이가 매우 크며, 현재 대기 중 이산화탄소농도는 지속적으로 변하고 있는 것으로 관측된다. 그 외에 미량 기체로 네온(Neon), 헬륨(Helium), 크립톤(Krypton), 수소(Hydrogen), 제논(Xenon) 등이 대기권을 구성하고 있다. 이 모든 기체는 중력에 의해 대기권에 속해 있으며, 이 기체의 80 %는 지표면에 가까운 대류권에 있기 때문에 대류권의 공기 밀도는 대기의 다른 영역에서보다 매우 크다.

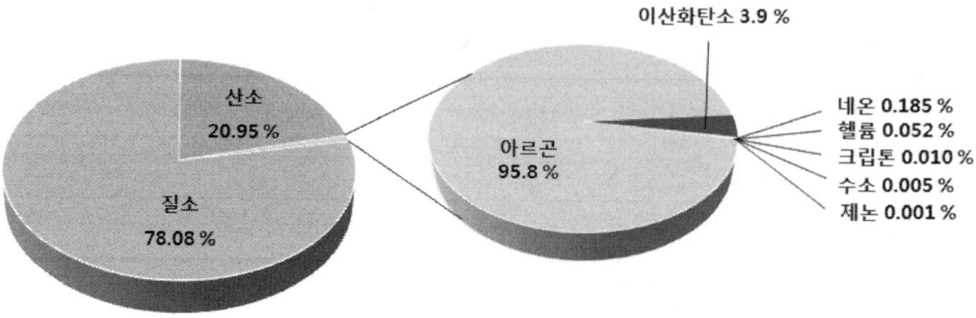


**〈그림〉** 대기권 구성 기체들

대기 구성 주요 기체가 지구 환경에서 수행하는 화학 반응의 예를 보면, 질소는 박테리아나 번개 등에 의해 다양한 질소 화학종으로 전환되어 생물계 순환에 참여하고, 산소는 지구에 있는 대부분의 살아있는 유기체 호흡에 이용되고 있다. 아르곤은 화학 반응성이 낮은 비활성 기체로 생물 활성이 거의 없으나, 이산화탄소는 동물과 식물의 호흡이나 광합성 작용 등 생물계의 화학 반응에 활발히 참여하는 매우 중요한 물질이다.

## 1.3.2 수질권 구성 원소

수질권에 존재하는 물의 97.5 %는 바다를 이루고 있는 해수이다. 수질권의 대부분을 차지하는 해수는 3.5 %의 염(salt)을 함유하고 있는데, 이 염을 이루는 조성 원소 중 염소(Chlorine)의 평균 조성비는 55 %, 소듐(Sodium)은 31 % 정도이며, 이어서 마그네슘(Magnesium) 7.7 %, 황(Sulfur) 3.7 %, 칼슘(Calcium) 1.2 %, 그리고 나머지 1.4 %가 미량의 여러가지 원소들로 이루어져 있다. 아래 그림은 수질권에서 가장 큰 수체(water body)인 바닷물의 화학적 조성을 나타낸다.

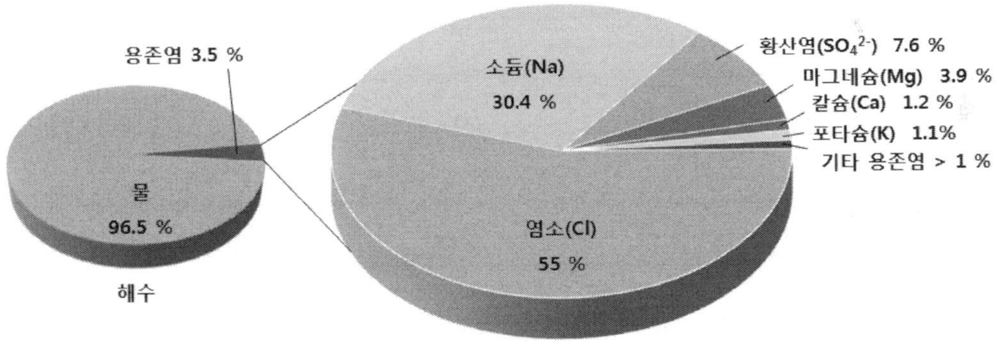


〈그림〉 해수의 용존 성분

## 1.3.3 지질권 구성 원소

지질권의 성분 중에서 탐사 분석이 잘 이루어진 지각의 화학적 조성은 표와 같다. 실리카 염을 중심으로 한 암석과 광물질 중 가장 많은 비율을 차지하는 원소는 산소로, 조성비는 약 46.6 %에 이른다. 규소(Silicon)는 27.7 %이며, 실리카 광물의 주요 원소 중 하나인 알루미늄(Aluminium)이 9.1 % 이다. 그 뒤를 잇는 주된 원소는 철(Iron) 5.0 %, 칼슘 3.4 %이며, 소듐 2.8 %, 포타슘(Potassium) 2.6 %, 마그네슘 2.0 %의 순서이고, 기타 여러 미량 원소가 나머지 약 1 %를 이루고 있다.

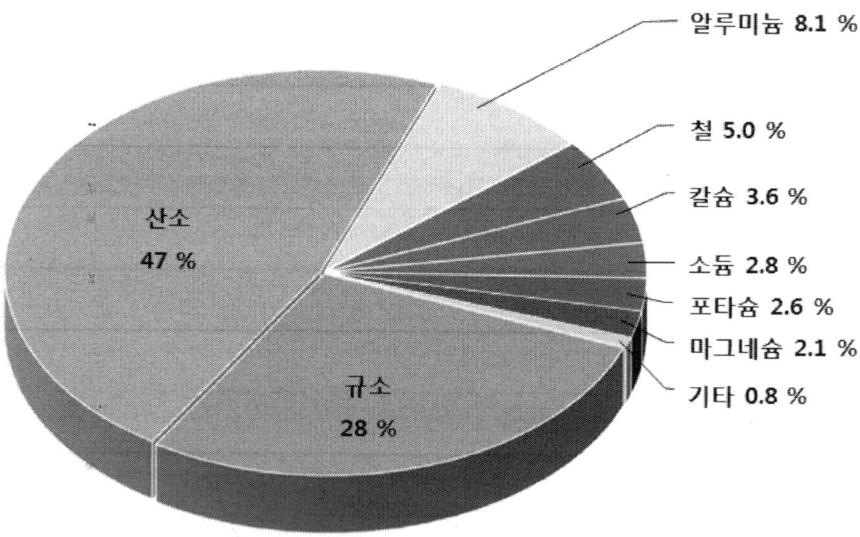


**〈그림〉** 지각권의 주요 구성 원소

## 1.3.4 생물권 구성 원소

생물권의 구성은 식물과 동물이며, 그 구성 원소는 생물종 수 만큼이나 다양하다. 생물을 구성하는 주요 원소 네 가지는 산소, 탄소, 수소 및 질소로, 이들의 비율은 전체 생물권 원소의 65 %, 18 %, 10 %, 3 %에 해당하며, 나머지 4 %가 다양한 미량 원소로 구성되어 있는 것으로 설명할 수 있는 데, 이 미량 구성 원소들 또한 대부분 사람과 동물 및 식물이 성장하고 생존하는 데 반드시 필요한 것들이다.

다음 그림에서는 생물권의 주요 구성체인 사람의 인체를 구성하는 원소들을 표기 함으로써 생물체 구성 원소의 다양성을 나타내었다.

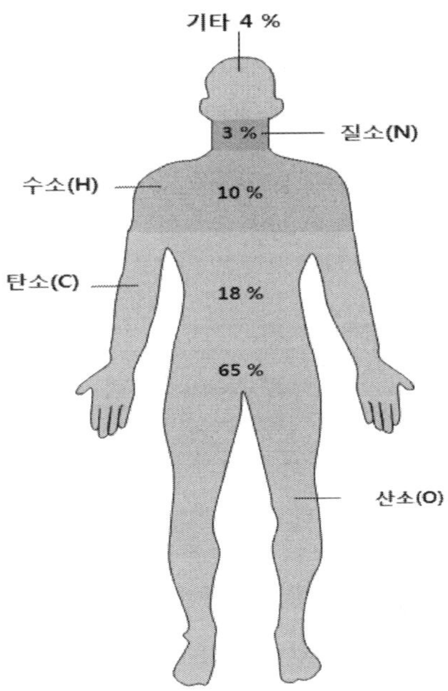


| 구성 원소 | 원소 기호 | 원소 조성비 |
|---|---|---|
| 산소 (Oxygen) | O | 65.0 |
| 탄소 (Carbon) | C | 18.5 |
| 수소 (Hydrogen) | H | 9.5 |
| 질소 (Nitrogen) | N | 3.2 |
| 칼슘 (Calcium) | Ca | 1.5 |
| 인 (Phosphorus) | P | 1.0 |
| 포타슘 (Potassium) | K | 0.4 |
| 황 (Sulfur) | S | 0.3 |
| 소듐 (Sodium) | Na | 0.2 |
| 염소 (Chlorine) | Cl | 0.2 |
| 마그네슘 (Magnesium) | Mg | 0.1 |
| 미량원소: 붕소(B), 크로뮴(Cr), 코발트(Co), 구리(Cu), 플루오린(F), 아이오딘(I), 철(Fe), 망가니즈(Mn), 몰리브데늄(Mo), 셀레늄(Se), 실리콘(Si), 주석(Sn), 바나듐(V), 아연(Zn) | | 1.0 % 이하 |

〈그림〉 인체 구성 원소들

# 2

# 환경 이해의 도구 - 기초 일반 화학

## 2.1 원소와 주기율표

물질에 대한 과학적 이해가 빠르게 발전하면서, 물질을 이루는 많은 원소에 대한 정보가 축적되었다. 학자들이 이 원소들의 특성을 발견하고 각 원소들의 물리적, 화학적 성질들 사이의 관계를 확인하면서 원소들을 체계적으로 이해하는 방안을 찾기 시작했다.

여러 과학자들의 연구 중에서 오늘날 우리가 주로 사용하는 주기율표(Periodic table)는 1869년 러시아의 화학자 멘델레프(Dmitri Ivanovich Mendeleev)와 독일의 물리학자 마이어(Julius Lothar Meyer)가 각각 독자적으로, 거의 비슷한 시기에 비슷한 주기율표를 개발하였는데, 멘델레프의 발표가 몇 개월 앞섰다. 이후로 주기율표는 원소 및 화학을 체계적으로 이해하는 중요한 수단이 되었다. 원소를 순서적으로 정리하는 기준은 원소들 간의 유사성에 근거한다. 두 과학자는 원소를 질량이 증가하는 순서로 나열할 때 일정한 간격을 두고 유사성이 반복해서 나타남을 발견했다. 따라서 그 유사한 원소들을 한 무더기로 묶었는데, 예를 들면 알칼리 금속들을 하나의 족(Group)으로 묶는 방식으로 오늘날과 같은 주기율표를 구성하기에 이르렀다. 원소의 순서를 정함에 있어 당시에는 질량수(상대적인 원자량)를 사용하였으나 현재의 주기율표에서는 원소의 양자수가 주기율표에서 각 원소의 위치를 결정하며 그 양자수는 원소의 원자번호에 해당한다. 즉 원소들의 물리적 특성과 화학적 특성은 원자번호에 따라 주기적으로 변한다.

원자의 핵 속에 있는 양성자 수에 해당하는 원자번호가 주기율표의 원소 순서를 결정한다는 사실은 매우 중요하다. 이 사실이 원자 내의 전자 수와 원자의 화학적 특성 사이의 관계에 대해 매우 중요한 의미를 담고 있다는 것을 주기율표로부터 알 수 있다.

다음 그림은 현대 주기율표이다. 수평(주기, Period라고 명명)으로 나열된 원소들은 원자번호가 차례대로 증가하는 순서이다. 수평으로 나열하면서 특정한 간격을 두고 다음 주기로 원소를 나열해 나가는데, 이렇게 해서 수직으로 놓인 원소들을 묶어 족(group)이라 한다. 1주기 원소는 수소와 헬륨뿐이며 2주기에는 Li에서 Ne까지 8개의 원소가 있다. 4주기에는 3주기에는 없는 10개의 자리에 Sc에서 Cu에 이르는 원소들이 위치하여 모두 18개의 원소가 위치하고 있다. 주기율표 본체 외에 아래 쪽에 두 개의 별도 표가 있는데, 이는 원자번호 57-70, 그리고 89-102에 이르는 14개씩의 원소를 포함하고 있다.

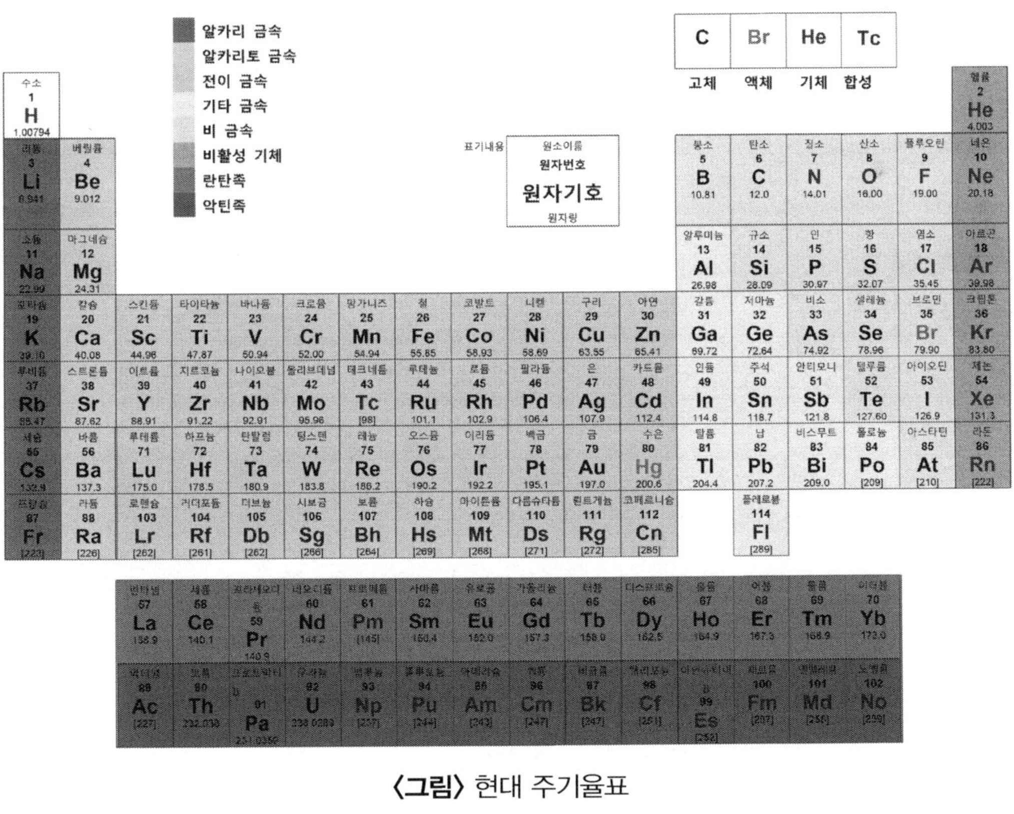


〈그림〉 현대 주기율표

### 2.1.1 주기

주기율표에서 가로에 위치하여 같은 주기(period)에 속하는 원소의 원자들은 같은 종류의 전자 껍질을 갖고 있다. 주기는 1주기에서 7주기까지 숫자로 표기하는데 이는 원자 내에 전자가 운동하는 궤도에 따른 껍질의 총 개수이기도 하며 알파벳을 사용하여 1주기는 K-껍질(shell), 2주기는 L-껍질, 3주기는 M-껍질, 4주기는 N-껍질, 5주기는 O-껍질, 6주기는 P-껍질, 7주기는 Q-껍질로 표기하기도 한다. 껍질은 전자들이 핵에서 떨어진 정도에 해당하는 특정한 에너지 준위를 의미한다.

### 2.1.2 족

수직으로 놓여있는 같은 족(group)의 원소들은 주기율표에서 크게 두 종류로 나누어, 맨 왼쪽의 2개의 족과 주기율표 맨 오른쪽 6개 족에 있는 원소들을 아우르는 8개 족 원소들을 '주족 원소'라 하고 그 밖의 원소들은 '부족 원소'라 한다. 부족 원소중에서 주기율표의 4주기 이상의 주족 원소들 사이에 놓여있는, 각 주기 별 10개의 원소들을 전이 원소(transition element)라고 하고, 원자번호 57에서71까지의 15개 원소와 원자번호 89에서 103까지의 15개 원소는

'내부 전이 원소(inner transition elements)'로써 각각 '란타넘 족(lanthanide group)', '악티늄 족(actinide group)' 이라고 부른다.

주족 원소들은 각 족에 해당하는 수 만큼의 전자가 핵에서 가장 멀리 떨어진 최외각 전자껍질에 놓여있다. 그에 따라 각 족의 명칭, Ⅰa, Ⅱa, Ⅲa … Ⅷa,은 최외각 전자(혹은 원자가 전자(valence electron) 라고도 한다)의 수와 일치한다. 이 최외각 전자는 화학 결합에 관여하고 최외각 전자 배치의 유사성은 같은 족 원소의 화학적 거동이 비슷하게 나타나는 원인이 된다. 부족원소 또는 전이 원소들은 최외각 전자 껍질에 전자 2개가 놓여있는 경우가 많으며, 최외각 껍질이 아닌 최외각에서 두 번째 혹은 세 번째 껍질에 전자가 완전히 채워지지 않은 상태로 놓여있어, 반응을 할 때 최외각 전자 뿐 아니라 특정 조건 하에서는 최외각에서 두 번째 위치하는 껍질에 있는 전자가 반응을 한다.

# 2.2 원자의 구조

이러한 원소 내 전자의 배치에 대한 이해는 양자역학의 발전에서 슈뢰딩거(Schrödinger) 방정식의 수학적인 풀이에서 유도된 양자 수로 더 명확해진다. 하나의 전자로 이루어진 원소인 가장 간단한 수소 원자를 비롯하여 다른 원소의 원자들 속의 전자들을 표시하는데 네 개의 양자 수를 사용한다. 이를 이용하면 원자 안에 있는 모든 전자들을 낱낱이 설명할 수 있는데, 이 양자 수는, 주양자수(n), 각운동량 양자수( $l$ ), 자기 양자수($m_\ell$) 및 전자스핀 양자수($m_s$)이다.

주양자수 n은 1, 2, 3…의 정수 값으로 전자가 위치한 궤도함수의 에너지 값이고 전자와 핵 간의 거리에 해당한다. 각운동량 양자수 $l$ 은 전자 운동이 발견되는 궤도 함수의 모양을 말해 주는 것으로 $l$ 값은 0, 1, 2… (n-1) 까지의 정수이며, 각 $l$ 값은 궤도(orbital) 이름으로 S-궤도, P-궤도, d-궤도…로 나타낸다.

〈표〉 각운동량 양자수와 궤도함수 이름

| 각운동량 양자수 | 0 | 1 | 2 | 3 | 4 | 5 |
|---|---|---|---|---|---|---|
| 궤도함수 이름 | S | P | d | f | g | h |

아래 그림은 각 궤도 함수의 모양을 나타낸 것이다.

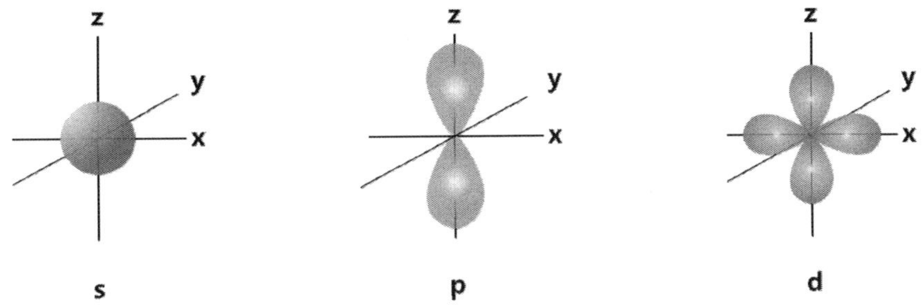


**〈그림〉** s–궤도, p–궤도 및 d–궤도 모양

자기 양자수 $m_\ell$은 공간 상에서 궤도 함수의 방향을 나타내는 것으로 다음 그림에서 보는 것과 같다. 각운동량 $l = 0$인 공 모양의 S궤도는 $m_\ell = 0$ 로 방향 구별이 없는 궤도 하나이지만, 각운동량 $l = 1$ 인 P궤도는 자기 양자수가 $m_\ell =$ -1, 0, +1 의 세 값을 갖고 이는 P-궤도모양이 x축, y축, z축 방향으로 향하는 Px-, Py-, Pz -궤도 세 종류가 있음을 나타낸다. $l = 2$ 인 d궤도는 자기 양자수가 $m_\ell$ = -2, -1, 0, +1, +2 의 다섯 가지 값을 갖고, 이는 x축, y축, z축의 사이를 향하는 dxy, dyz, dzx와 축방향의 $dx^2$-$y^2$, $dz^2$ 등 다섯 궤도를 나타낸다. 아래 그림에서 각 궤도의 공간 방향을 알 수 있다.

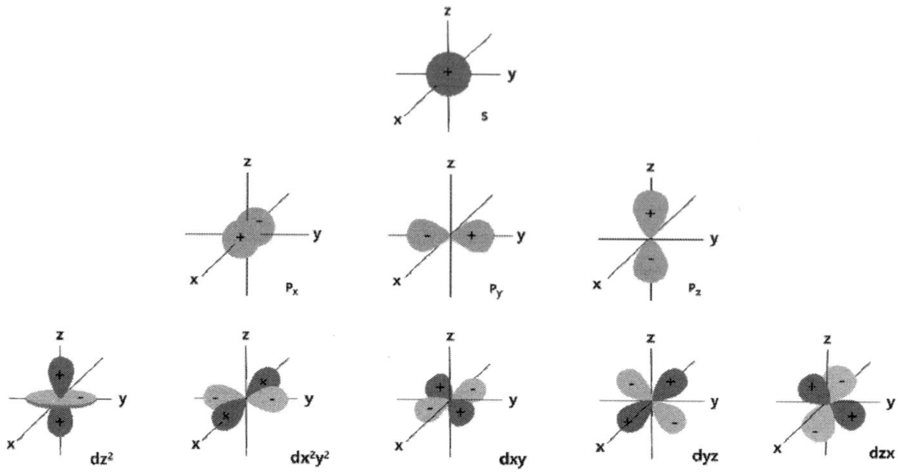


**〈그림〉** s 궤도, p궤도 및 d 궤도의 방향

전자스핀 양자수 $m_s$는 전자가 자신의 축을 중심으로 회전하는 방향이 시계 방향과 반시계 방향 두 가지로 구별됨을 나타내며, 각 스핀 양자수는 $m_s = +\frac{1}{2}$, $m_s = -\frac{1}{2}$ 값을 갖는다.

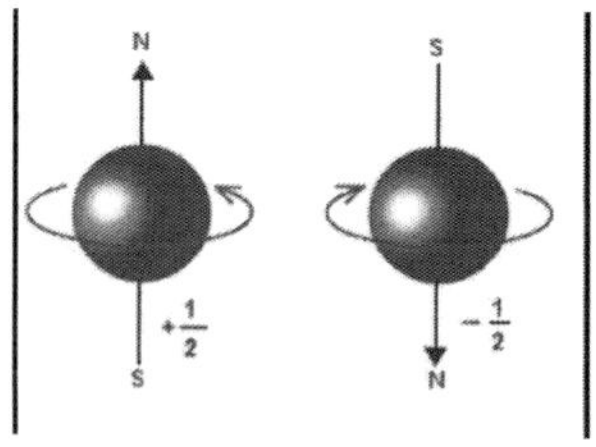


**〈그림〉** 전자의 스핀 모드

# 원자의 전자 배치 2.3

원자 번호에 따라 정리된 주기율표 각 원소들의 원자내 전자 배치(electron configuration)를 보면 전자들이 채워지는 궤도들과 그 순서를 알 수 있다. 주기율표의 왼쪽 위에서 시작하여 같은 주기의 오른 쪽 끝으로 그리고 다음 주기 왼쪽 끝의 순서를 반복한다. 주기율표 첫 주기에는 전자가 S-궤도를 채우는 H, He 두 원소만 있고, 둘째 주기에는 S-궤도를 채우는 2개의 원소(Li, Be)와 P-궤도(2P)에 여섯 개의 전자가 차례로 채워지는 6개의 원소(B에서 Ne까지)가 있다. 셋째 주기는 둘째 주기와 비슷하고 넷째 주기에는 S-궤도를 채우는 두 원소(K, Ca)에 이어 d-궤도(3d)에 전자가 차례로 채워지는 10개의 원소(Sc부터 Zn까지)가 있다. 이렇게 각 원소의 원자번호에 해당하는 갯수의 전자가 원자내에 채워지는 순서는 1S→2S→2P→3P→4S→3d→4P→ 등으로 다음 그림과 같다.

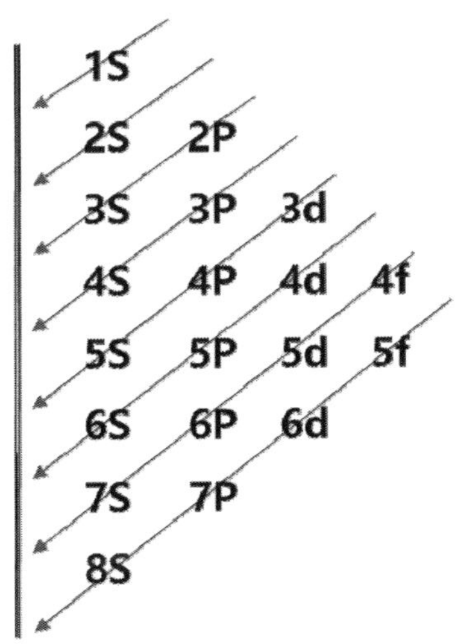


**〈그림〉** 각 궤도에 전자가 채워지는 순서

# 2.4 원소의 주기적 특성

## 2.4.1 원자 반지름

주기율표를 바탕으로 전자 배치를 이해할 수 있으며, 전자 배치로 설명할 수 있는 원소의 주기적 성질 중 하나는 원자 반지름(atomic radius)이다. 원자 반지름은 주기율표의 각 족에서 아래로 내려갈수록 증가하는데 이는 주양자수 증가 혹은 핵에서 멀어진 정도가 큰 원자가 껍질에 있는 궤도에 마지막 전자가 채워지기 때문이다. 주기율표에서 각 주기의 왼쪽에서 오른쪽으로 갈수록 원자 반지름이 감소하는 것은 원자 번호가 증가하는 만큼 핵 속의 양자수가 증가하고 그에 따라 원자가 전자에 대한 유효 핵전하(Zeff: effective nuclear charge)가 증가하는 것으로 설명할 수 있다.

**〈표〉** 원자의 반지름 (단위: pm)

| Ia | IIa | IIIa | IVa | Va | VIa | VIIa | VIIIa |
|---|---|---|---|---|---|---|---|
| H<br>37 | | | | | | | He<br>31 |
| Li<br>152 | Be<br>112 | B<br>85 | C<br>77 | N<br>70 | O<br>73 | F<br>72 | Ne<br>70 |
| Na<br>186 | Mg<br>160 | Al<br>143 | Si<br>118 | P<br>110 | S<br>103 | Cl<br>99 | Ar<br>98 |
| K<br>227 | Ca<br>19 | Ga<br>135 | Ge<br>123 | As<br>120 | Se<br>117 | Br<br>114 | Kr<br>112 |
| Rb<br>248 | Sr<br>215 | In<br>166 | Sn<br>140 | Sb<br>141 | Te<br>143 | I<br>133 | Xe<br>131 |
| Cs<br>265 | Ba<br>222 | Tl<br>171 | Pb<br>175 | Bi<br>155 | Po<br>164 | At<br>142 | Rn<br>140 |

## 2.4.2 이온화 에너지

중성 원자에서 전자 하나를 떼어내어 이온을 형성하는데, $A \rightarrow A^{+} + e^{-}$, 필요한 1차 이온화 에너지(ionization energy)는 각 주기에서 원자 번호가 증가함에 따라, 즉 왼쪽에서 오른쪽으로 갈수록 증가하는데 이는 원자 반지름의 경향과 마찬가지로 최외각 전자에 대한 유효 핵전하의 증가에 따른 것이다.

한편, 같은 족 내에서는 위에서 아래로 내려갈수록 즉 원자번호가 증가할수록 감소하는데, 이는 주양자수 증가에 따라 1차 이온화에 기여하는 최외각 전자가 핵에서 멀리 떨어진 까닭이다.

특히 주족 원소 중 1족의 알카리 금속의 경우 1차 이온화 에너지는 매우 작아서 쉽게 이온화하고, 일반적으로 화합물을 형성할 때 양이온의 특성을 갖는다.

한편, 주족 원소 중 8족의 비활성 기체는 전자 껍질 내의 모든 궤도에 전자가 채워져 있는 상태이므로 매우 큰 이온화 에너지 값을 갖는데 이는 이온화가 잘 일어나지 않음을 의미한다.

〈표〉 원자의 1차 이온화 에너지 (단위: KJ/ mol)

| Ia | IIa | IIIa | IVa | Va | VIa | VIIa | VIIIa |
|---|---|---|---|---|---|---|---|
| H<br>1,310 | | | | | | | He<br>2,300 |
| Li<br>520 | Be<br>900 | B<br>800 | C<br>1,090 | N<br>1,400 | O<br>1,310 | F<br>1,689 | Ne<br>2,080 |
| Na<br>490 | Mg<br>730 | Al<br>580 | Si<br>780 | P<br>1,060 | S<br>1,000 | Cl<br>1,250 | Ar<br>1,520 |
| K<br>420 | Ca<br>590 | Ga<br>580 | Ge<br>780 | As<br>960 | Se<br>950 | Br<br>1,140 | Kr<br>1,350 |
| Rb<br>400 | S<br>550r | In<br>560 | Sn<br>700 | Sb<br>830 | Te<br>870 | I<br>1,010 | Xe<br>1,170 |
| Cs<br>380 | Ba<br>500 | Tl<br>590 | Pb<br>710 | Bi<br>800 | Po<br>810 | At<br>- | Rn<br>1,030 |

## 2.4.3 전자 친화도

원자의 화학적 특성에 큰 영향을 끼치는 특성 중 하나로 전자 친화도(electron affinity)가 있다. 이것은 원자가 전자를 한 개 혹은 그 이상 받아들일 수 있는 능력인데, 실험적 정의로는 기체 상태의 원자가 전자 하나를 받아들일 때, 즉 반응, $X(gas)+e^{-}\rightarrow X^{-}(gas)$에서 나타나는 에너지 변화로 나타낸다.

한 예로 플루오린 기체 원자가 전자를 받아들일 때의 반응 과정을 보면, $F+e^{-}\rightarrow F^{-}$, $\Delta H=-328\ KJ/mol$로 플루오린의 전자 친화도는 $+328\ KJ/mol$이다. 원소의 전자 친화도가 클수록(큰 양의 값을 가질 수록), 원자가 전자를 받아들이려는 경향이 커지는 것이고, 생성된 음이온이 매우 안정하다는 것을 의미한다.

아래 표는 몇 가지 원소의 전자 친화도를 나타낸 것이다. 일반적인 경향은 같은 주기내에서, 왼쪽에서 오른쪽으로 갈수록 전자를 받아들이는 정도가 증가하면서 전자 친화도 값이 커지며, 비활성 기체는 전자 친화도가 거의 영의 값을 갖는다. 금속 원소의 전자 친화도는 일반적으로 비금속에 비해 낮다.

〈표〉 원소의 전자 친화도 (단위: KJ/ mol)

| Ia | IIa | IIIa | IVa | Va | VIa | VIIa | VIIIa |
|---|---|---|---|---|---|---|---|
| H<br>73 | | | | | | | He<br><0 |
| Li<br>60 | Be<br>~0 | B<br>27 | C<br>122 | N<br>0 | O<br>141 | F<br>328 | Ne<br><0 |
| Na<br>53 | Mg<br>~0 | Al<br>44 | Si<br>134 | P<br>72 | S<br>200 | Cl<br>349 | Ar<br><0 |
| K<br>48 | Ca<br>2.4 | Ga<br>29 | Ge<br>118 | As<br>77 | Se<br>195 | Br<br>325 | Kr<br>0 |
| Rb<br>47 | Sr<br>4.7 | In<br>29 | Sn<br>121 | Sb<br>101 | Te<br>190 | I<br>295 | Xe<br><0 |
| Cs<br>45 | Ba<br>14 | Tl<br>30 | Pb<br>110 | Bi<br>110 | Po | At | Rn<br><0 |

# 3
# 대기권

# 3.1 대기권의 영역

지구의 대기를 구성하는 물질은 중요한 성분만 고려해도 50 여개의 화학물질이 존재하고 이들은 수많은 화학 평형을 통해 서로 연관되어 있다. 이 대기권 조성 물질의 기본적 거동을 요약하면 다음과 같이 기술할 수 있다.

- 물질 입자의 농도는 응축된 상태의 권역(수질권, 지질권)에 비해 매우 낮으며, 지표면에서 고도가 증가할수록 급격히 감소한다.
- 태양으로부터 유입되는 전자기파와 작용하여 들뜬 상태의 화학종을 생성하는 등 수많은 반응이 일어날 수 있다.
- 대기권에서 산소의 농도가 높으므로 강한 산화반응조건이 지배적으로 존재한다.

대기권 분류는 지상에서 수직 방향으로 고도에 따라 지면에 접한 대류권(troposphere)에서 시작하여, 성층권(stratosphere), 중간권(mesosphere), 열권(thermosphere) 및 외기권(exosphere)으로 나눈다. 나누어지는 각 권역의 상부 경계면을 일컬어, 대류권 계면(tropopause: 지상 8-18 ㎞ 부근), 성층권 계면(stratopause, 지상 50-55 ㎞ 부근), 중간권 계면(mesopause, 80-85 ㎞ 부근), 열권 계면(thermopause, 약 500 ㎞ 부근)이라 하고, 각 계면에서 대기권 온도 증감 경향이 바뀐다. 각 권역은 온도 증감의 경향, 대기 구성 물질의 종류와 농도 및 그에 따른 대기압 차이 등에서 서로 다른 특성을 나타낸다.

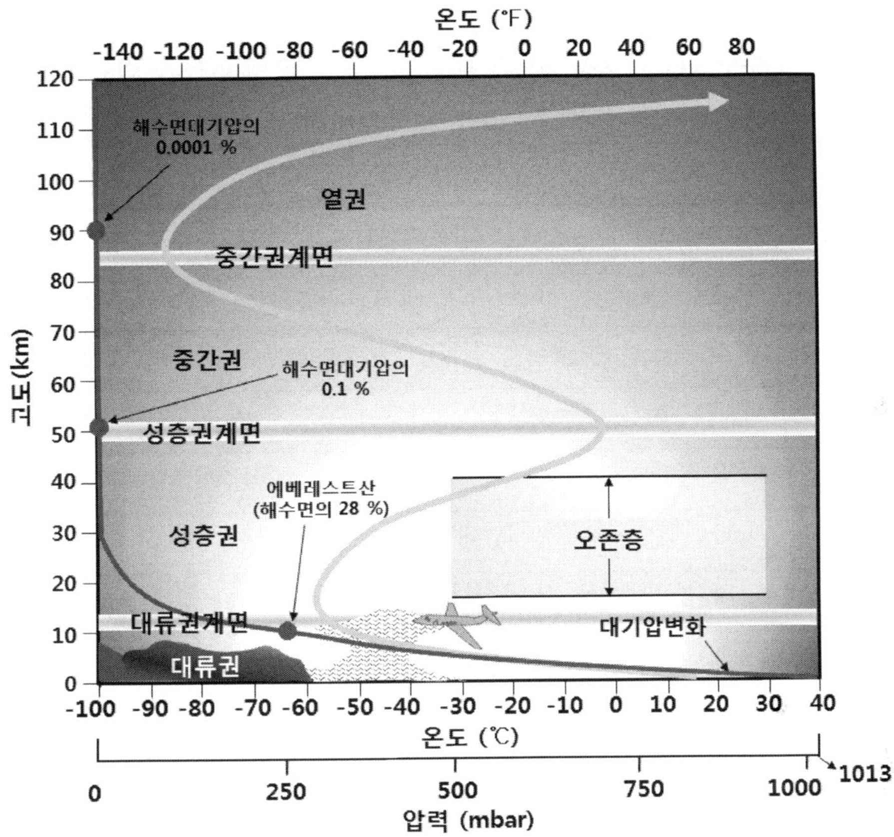


**〈그림〉** 대기의 권역 구분과 고도에 따른 대기 온도와 압력 변화

대기 각 영역에서의 온도 기울기는 대기 구성 입자와 태양의 전자기파 간의 상호작용에 따른 결과이다. 열권 영역에서는 매우 짧은 파장의 자외선(175 ㎚ 이하의 파장)이 대기 구성 물질에 정량적으로 흡수되어 구성 성분들이 이온화된다. 중간권과 성층권의 영역에서는 파장이 175 ㎚-242 ㎚인 자외선이 질소 분자의 광학 활성이나 산소 분자의 해리에 기여함으로써 오존 등의 구성 물질을 생성한다. 오존은 210 ㎚-300 ㎚ 사이의 태양광선을 흡수함으로써(흡수 최

대 파장은 255 nm) 중간권과 성층권의 온도를 상승시키는데 기여하며, 성층권 상부인 성층권 계면에서의 대기 온도는 지구 표면의 평균 온도와 유사한 성층권 최고 온도가 된다.

지구 대기권에 유입되는 태양 에너지(342 $Jm^{-2}s^{-1}$)의 45 % 정도만 지표면에 도달한다. 이 복사선의 파장은 290 nm에서 2200 nm 범위이다. 그 중에서 주된 파장은 400-800 nm영역인데, 대기권에 유입된 짧은 파장의 복사선은 성층권에서 흡수되고 긴 파장은 $H_2O$, $CO_2$와 같은 대류권 기체와 상호작용하면서 약해진다. 지표면에 도달한 에너지의 일부는 열복사 및 수증기 증발(구름 형성)등을 통하여 다시 대류권으로 돌아간다. 이런 과정으로 인해 지표면에서 고도가 증가할수록 나타나는 대류권의 온도 하강은 약 6.5 ℃/ km 정도로 성층권이 나타나는 대류권 경계면 까지 이어진다.

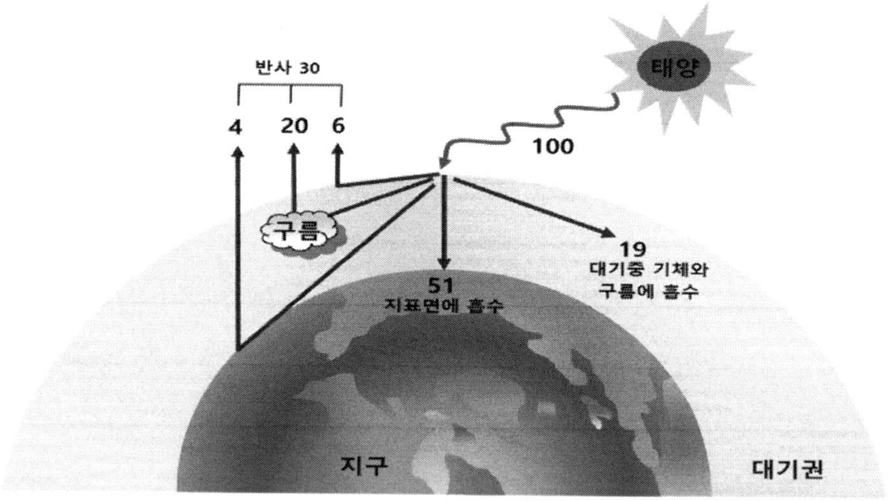


〈그림〉 지구에 유입되는 태양 에너지

대류권은 극지방에서는 고도 8 ㎞, 적도 부근에서는 고도 18 ㎞에 이르고, 지구 대기 질량의 약 80 %가 모여있는 곳으로, 수질권 및 지질권과 물질 교환이 일어나는 영역이다. 깨끗하고 건조한 공기로 이뤄진 대류권의 평균적인 화학적 조성은(다음 그림에서 보는 것처럼) 질소, 산소 및 아르곤, 이산화탄소 외에, 약 0.002 %는 다양한 미량 기체로 이루어져 있다.

건조 공기의 평균 분자량은 28.97이다. 수증기로 포화된 공기는 20 ℃에서 17.3 g/㎥의 물을 함유한다. 대류권의 물 농도는 0.5-15 g/kg으로 지리학적 지역과 계절 및 기후에 따른 편차가 매우 크기 때문에, 이러한 불균일 특성으로 인해 대기 조성비를 언급할 때 다른 기체와는 달리 다루기도 한다.

대기 조성 물질과 그 비율을 기술함에 있어서 단기적이고 지역적인 대류권의 변화는 화산활동이나 자연재해 같은 자연적인 과정과 에너지 생산이나 산업과 같은 인간활동에 따른 배출에 따른 결과가 영향을 끼친다. 에너지 생산으로 인해 대류권의 이산화탄소 농도는 지난 한 세기 동안 0.029 %에서 현재 약 0.035 %로 변하여 증가율이 20 %가 넘으며, 그 외에 황화물, 질소화합물 및 일산화탄소 등 여러 기체들의 농도 변화도 유사하게 나타난다. 대류권 구성 성분에는 기체 외에도 부유물질이나 먼지와 같은 입자상 물질이 있는데, 일반적으로 직경이 $10^{-6}$ ㎜에서 $10^{-1}$ ㎜ 범위에 이르러 분자 정도의 미세입자에서부터 빠르게 침강하는 굵은 입자까지 다양한 크기와 화학적 특성을 지닌다. 이런 입자 생성 역시 자연적인 발생과 인간 활동에 의한 것이 있으며, 궁극적으로는 침강과 응집을 통해 지표면에 영향을 끼치게 된다.

## 3.2 성층권

대기 구성 성분 중 성층권에서 가장 특징적인 기체는 오존(Ozone, $O_3$)이다. 성층권의 오존이 지표면의 생태계와 밀접한 관계를 갖는 것은, 태양에서 지구에 도달하는 자외선 중 비교적 파장이 짧고 에너지가 커서 생물체의 세포 등에 위해성을 나타낼 수 있는 자외선을 성층권 오존이 차단함으로써 지구의 생태계를 보호한다.

오존은 성층권 내에서 수직적인 농도 분포 특성을 나타내는 데, 성층권에 존재하는 이 오존은 광화학 반응을 통해 생성되고 분해되면서 현재의 농도를 나타내고 있다. 다음 그림은 고도에 따른 대기권에서의 오존 농도와 오존의 기체 혼합비(대기에 존재하는 오존의 부피를 대기권 모든 조성 기체의 총 부피로 나눈 비율)를 나타낸 것이다.

그림에서 보는 것처럼 다른 권역에 비하여 성층권에서의 오존 농도와 오존 기체 혼합비가 상대적으로 매우 크며, 오존 농도가 최대인 지점은 지상 약 23 ㎞ 지점이고, 오존 기체 혼합비가 최대인 지점은 지상 약 36 ㎞ 지점이다. 이는 고도가 높아짐에 따라 오존에 비해 다른 조성 기체의 단위 부피당 존재량이 급격히 감소하고, 기체 분자 해리를 일으킬 수 있는 전자기파의 방사 에너지(radiation energy)는 증가하는 데 기인한다.

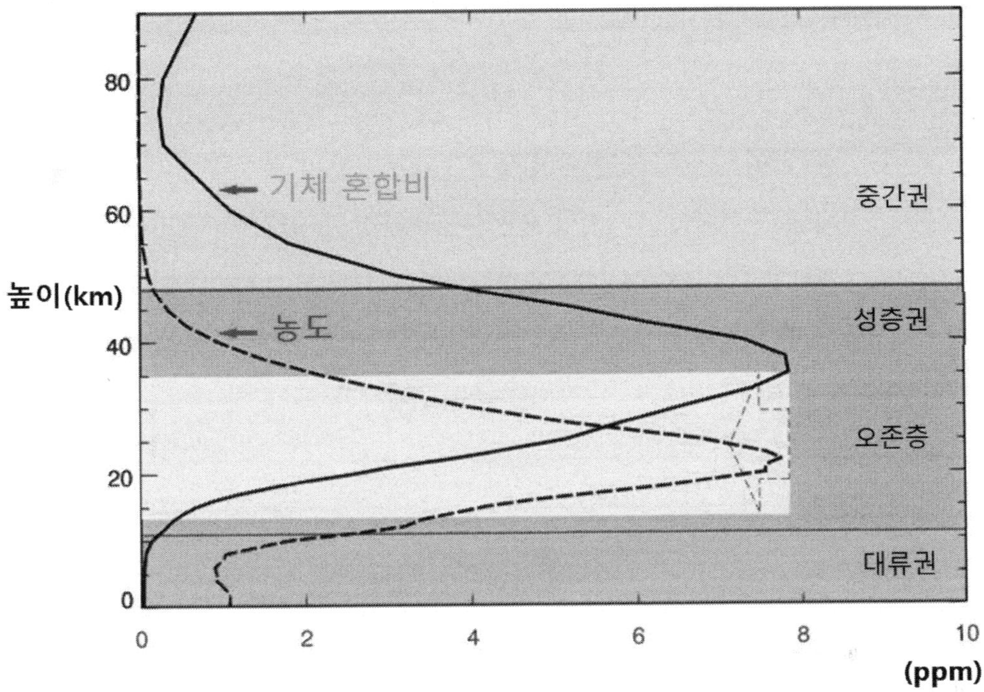


〈그림〉 고도에 따른 대기권에서의 오존 농도와 오존 기체 혼합비

## 3.2.1 성층권의 화학 - 광분해

광분해(photolysis)란 빛이 물질을 분해하는 반응으로, 빛 에너지에 의해 물질의 화학 결합이 끊어지고 새로운 화학종을 생성하는 반응이다.

전자기파는 광자(photon)의 흐름이며, 그 광자 한 개가 갖는 에너지, E, 는 다음과 같다.

$$E = h\nu$$

$h$: 플랑크 상수, $6.63 \times 10^{-34}$ J·S

$\nu$ : 전자기파의 진동수

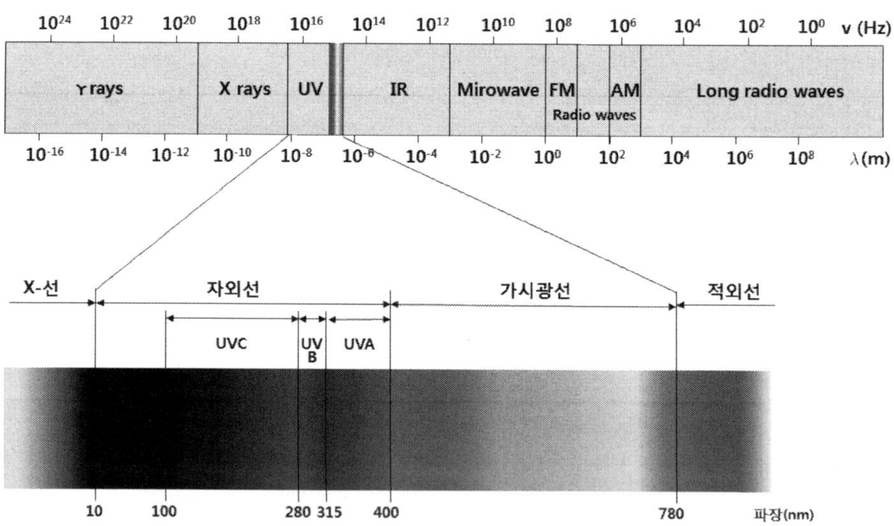


〈그림〉 전자기 복사선의 종류와 자외선 및 가시광선의 파장 영역

전자기파인 빛이 화학반응을 일으키려면 그 빛을 구성하는 광자는 다음 두 조건을 충족해야 한다.

첫째, 광자는 화학 결합을 끊거나 화합물에서 전자 하나를 떼어 내기(이온화)에 충분한 에너지를 갖고 있어야 한다.

둘째, 광자는 분자에 흡수되어야 하는데, 이는 광자의 에너지가 분자 내에서 다른 형태의 에너지로 전환되어야 한다는 것을 말한다. 광자가 분자속으로 흡수되어야만 광화학 반응이 일어난다.

광분해의 한 예로 산소 분자 기체를 고려해 보자. 산소 분자에 광자가 흡수되면 다음과 같은 해리(dissociation) 반응, 즉 광분해(photolysis)가 일어난다.

$$O_{2(g)} \xrightarrow{h\nu} 2O_{(g)}$$

한 분자 내의 산소 원자 사이에 존재하는 이중 결합을 끊기 위해서는 그 결합 에너지(495 K • J • $mol^{-1}$) 이상의 에너지가 필요하다. 즉 해리 에너지(dissociation energy)는 결합의 세기에 해당하며, 1몰의 산소 분자, 즉 Avogadro 수에 해당하는, $6.02\times10^{23}$개의 산소 분자를 원자로 분리하는데 필요한 에너지이다. 따라서 분자 한 개에 대한 해리 에너지는

$$E=\frac{495\times10^{3}J\cdot mol^{-1}}{6.02\times10^{23}\ mol^{-1}}=8.22\times10^{-19}J$$

그러므로 이 에너지에 해당하는 에너지는, E= $h\nu$로부터:

$$\nu = \frac{E}{h} = \frac{8.22\times10^{-19}\ J}{6.63\times10^{-34}\ J\cdot S} = 1.24\times10^{-15}\ S^{-1}$$

이 진동수에 해당하는 파장 λ는 빛의 속도식,

c=ν · λ (c는 빛의 속도: $3.00\times10^{8}$ m · $s^{-1}$) 으로 부터 계산할 수 있다. 즉,

$$\lambda = \frac{c}{\nu} = \frac{3.00\times10^{8}\ m\cdot s^{-1}}{1.24\times10^{-15} s^{-1}} = 2.42\times10^{-7}\ m$$
$$= 242\times10^{-9}\ m$$
$$= 242\ nm$$

이 결과는 242 ㎚ 이하의 파장을 갖는 광자는 기본적으로 위의 반응식, $O_2 \rightarrow O$, 과 같이 산소 분자를 산소 원자로 분해할 수 있다는 것을 의미한다.

광분해 반응에서 분자 해리에 필요한 광자 에너지는 $E = h\nu = \frac{h\cdot c}{\lambda}$ 에서 알 수 있듯이 진동수가 클수록 그리고 파장이 짧을수록 크다. 즉, 광분해를 통하여 화학결합을 끊을 때, 결합의 세기가 강할수록 필요한 해리에너지는 크기 때문에 광분해에 필요한 빛의 파장은 짧아야 한다.

대기권 조성 물질의 광분해 정도는 고도에 따라 증가하는데, 이는 지표면 근처나 상대적으로 고도가 낮은 곳에서 광분해가 잘 일어나지 않는 좀 더 안정한 화합물들도 높은 고도에서는, 태양에서 그곳에 이르는 짧은 전자기 복사선이 갖고 있는 큰 에너지에 의해 쉽게 분해 될 수 있다는 것을 말한다. 다음 표는 주요한 대기 조성 물질의 화학 결합과 그 결합을 끊는데 필요한 해리 에너지 및 그에 상응하는 전자기 복사선의 파장을 나타낸다.

〈표〉 대기 조성 화합물의 해리 에너지와 그에 해당하는 전자기 복사선 파장

| 결합(화합물) | 해리 에너지(KJ/ mol) | 파장( nm) |
|---|---|---|
| C ≡ O (CO) | 1077 | 111 |
| N ≡ N ($N_2$) | 941 | 127 |
| H − F (HF) | 570 | 210 |
| O = O ($O_2$) | 495 | 242 |
| H − H ($H_2$) | 436 | 275 |
| H − Cl (HCl) | 432 | 277 |
| Cl − Cl ($Cl_2$) | 243 | 493 |
| H − O ($H_2O$) | 460 | 260 |
| H − C ($CH_4$) | 410 | 292 |
| $O\overline{\cdots}O$ ($O_3$) | 386 | 310 |
| C − F ($CH_3F$) | 450 | 266 |
| C − Cl ($CH_3Cl$) | 330 | 362 |
| C − Br ($CH_3Br$) | 270 | 443 |
| O − N (O − NO) | 300 | 398 |
| O − N (O − $NO_2$) | 190 | 629 |
| HO − O (HO − OH) | 142 | 841 |

## 3.2.2 오존의 생성과 분해

성층권에서 산소 분자와 산소 원자 및 오존 분자가 광화학 반응을 통하여 하나의 생성과 분해(formation and destruction)를 이루는 반응 메커니즘(reaction mechanism)은 채프만순환(Chapman cycle)으로 알려져 있다.

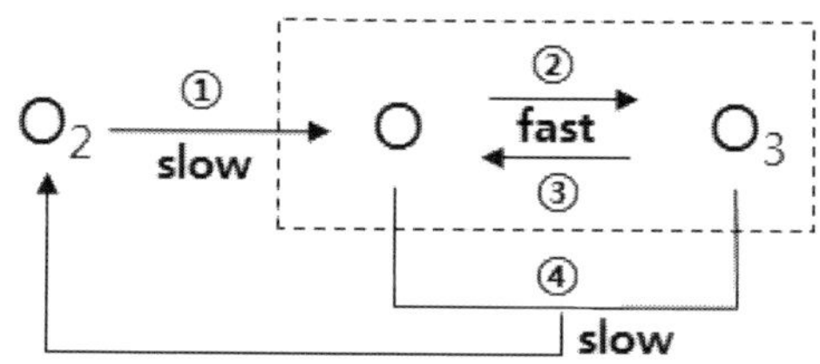


$O_2 + h\nu \rightarrow O + O \quad (\lambda < 240nm)$ ······························ ①

$O + O_2 + M \rightarrow O_3 + M$ ······························ ②

$O_3 + h\nu \rightarrow O^* \quad (\lambda < 320nm)$

$O^* + M \rightarrow O + M$

두 반 응합: $O_3 + h\nu \rightarrow O_2 + O$ ······························ ③

$O_3 + O \rightarrow 2O_2$ ······························ ④

**〈그림〉** Chapman 순환: 성층권에서의 촉매 없는 오존 생성과 분해

오존이 생성되는 성층권에는 이렇게 생성된 오존을 파괴하는 산소 화학종 이외의 화학물질들도 있는데, 이들은 자연적으로 생겨나거나 인간의 산업활동 등에 의해 생성된 것들이다. 이렇게 발생된 화학물질들이 성층권으로 이동하는

것은 화산 활동이나 비행체 배기 가스 확산 등에 의한 것 외에도, 적도 지방의 강한 상승기류에 의해 대류권에서 성층권으로 유입되는 것들이 있는데, 이 물질들 중 대표적인 것으로는 염화불화탄소화합물(CFCs: chlorofluorocarbons), 메테인($CH_4$: methane), 일산화이질소($N_2O$: nitrous oxide, 아산화질소) 그리고 물($H_2O$: water) 등이 있다. 이 화합물들은 성층권에서 자외선에 의해 분해되고, 그 부산물로 염소원자(Cl: chlorine), 수소원자(H: hydrogen), 이산화질소($NO_2$: nitrogen dioxide), 일산화염소(ClO: chlorine monoxide), 수산화 라디칼(•OH: hydroxyl radical)과 같은 라디칼(radical)을 생성하는데, 이 라디칼들은 오존 파괴 공정에서 핵심 역할을 하는 반응성이 큰 화학종들이다. 에어로졸이나 구름 등은 그 표면에서 위의 화학물질들이 반응하도록 반응자리(reaction site)를 제공함으로써 오존 감소를 가속화하기도 한다. 따라서 화산 구름이나 성층운 등은 성층권의 오존 농도 감소에 간접적으로 기여할 수 있다. 그 대표적인 예가 극지방, 특히 남극 상공에서의 성층운에서 일어나는 오존층 파괴로 인한 오존 홀(ozone hole) 생성이다.

앞의 그림에 나타낸 대로 1930년 Chapman이 규명한 성층권의 오존 생성과 소멸에 대한 주된 반응에서 빛에 의한 오존 파괴 메커니즘을 살펴보면,

$$O_2 + h\nu \xrightarrow{M} O + O$$

$$O + O_2 \rightarrow O_3$$

$$O + O_3 \rightarrow O_2 + O_2$$

생성된 오존이 햇빛 중 uv-c영역의 빛을 흡수하면서 오존 분자의 해리와 함께 다음과 같은 영-싸이클(Null-cycle: Null은 독일어로 영어의 zero이다)을 이루게 된다.

$$O_3 + h\nu \rightarrow O + O_2$$

$$O \rightarrow O^*$$

$$O^* + O_2 \rightarrow O_3$$

위와 같은 반응계로부터 산정한 오존 농도는 고도 36 ㎞에서 17 ppm이었으나, 기구를 이용해 30 ㎞ 고도에서 실제 측정한 농도는 6~8 ppm이었다. 과학자들은 이 차이가 무엇 때문인지 연구하는 과정에서, 산소 화학종의 분해와 결합에 의해 오존 생성 파괴를 규명한 chapman 순환이외에 다른 화학종들도 성층권의 오존 생성과 파괴에 영향을 끼치는 것을 알게 되었다.

## 3.2.3 성층권의 오존 파괴 - 라디칼 화학종

성층권에서 $O$, $O_2$, $O_3$와 같은 산소화학종 외에, 오존 생성과 파괴에 촉매로 관여하는 또다른 화학종들은 수소(HOx), 질소(NOx), 염소(ClOx) 화합물 들로, 반응 과정에 $OH/HO_2$, $NO/NO_2$ 및 $Cl/ClO$와 같은 라디칼(radical) 쌍이 나타나는데, 이들은 성층권에 존재하거나 대류권에서 유입된 전구물질로부터 생성된, 반응성이 큰 기체 화학종 들이다

그 밖에 성층권의 하단부에서는 브롬화학종(BrO)도 오존 파괴에 관여한다. 여러 촉매가 포함되는 오존 파괴 반응은 일반적으로 다음과 같이 쓸 수 있다. 촉매를 X로 표기하면:

$$X + O_3 \rightarrow XO + O_2$$

$$XO + O \rightarrow X + O_2$$

$$\text{전체반응: } O + O_3 \rightarrow O_2 + O_2$$

여기서 X는 촉매로 작용하는 라디칼 화학종, H, OH, NO, Cl, Br, F 등이다.

### (1) 수소 산화물 라디칼(hydrogen oxide radicals: HOx; HO/HO₂)

1950년대에 Bates와 Nicolet은 다음과 같이 성층권의 수증기가 산화하면서 생긴 수소 산화물 라디칼 화학종, $HO/HO_2$, 들이 촉매로 작용하는 오존 분해 반응이 가능하다는 것을 규명하였으나 측정된 성층권 오존 농도를 정량적으로 설명하기엔 여전히 부족하였다.

$$O_3 + OH \rightarrow O_2 + HO_2$$

$$HO_2 + O \rightarrow O_2 + OH$$

$$\text{전체반응: } O_3 + O \rightarrow O_2 + O_2$$

수산화 라디칼은 수증기와 불안정한 산소 원자 사이의 반응에서 생긴다.

$$H_2O + O \rightarrow OH + OH$$

이 산소 원자는 오존 광분해에서 생성된다. 한편 이 반응에 기여하는 수증기는 대류권 물 순환과는 분리되고, 차가운 대류권 경계면(온도 약 200 K)이 냉각관처럼 작용하면서 대부분 성층권 내에서 형성된 것이다. 성층권 수증기의 주된 출처는 OH라디칼이 $CH_4$를 산화하여 생겨나는 것인데, 이 $CH_4$는 대류권에서 유입된다.

$$CH_4 + OH \rightarrow CH_3 + H_2O$$

대류권에서 실질적으로 비활성인 $CH_4$는 OH 와의 반응 시간이 매우 길어서 대류권 토양에서 배출된 $CH_4$는 성층권까지 도달할 수 있다. $CH_4$의 가장 주된 출처는 혐기성 상태에서 박테리아에 의해 생성된 것인데, 그에 해당하는 자연 근원지는 습한 지역, 해양, 곤충과 같은 동물의 소화기관 등이다. 인간 활동과 관계된 곳은 쌀 경작지, 축산, 매립장과 하수처리장 등이다. 박테리아에 의한 것 외에도 바이오매스의 연소와 화석 연료 에너지를 얻는 곳에서도 $CH_4$가 생성된다.

성층권 상부에서는 수산화 라디칼(•OH: hydroxyl radical)과 수소(H) 그리고 과산화수소($HO_2$: hydroperoxyl) 라디칼 등 수소 화학종이 오존 파괴에 중요한 역할을 하는 데 이들은 주로 수증기($H_2O$)와 메테인($CH_4$) 등이 들뜬 산소 원자와 반응해서 생성된다.

$$O + H_2O \rightarrow 2OH$$

$$O + CH_4 \rightarrow OH + CH_3$$

수소화학종이 관여하는 오존 파괴 반응 기구는 Bates와 Nicolet이 제안한 반응 메커니즘 외에도, 성층권 하부에서는 산소 분자 농도가 상층권 상부에서 보다 높으므로, 그 산소분자가 해리된 산소 원자와 반응하여 오존을 생성하는 속도가 매우 빠르기 때문에 잔류하는 산소 원자의 농도는 매우 낮다. 따라서 Bates와 Nicolet이 제안한 반응중 다음 식에 따른 반응보다

$$HO_2 + O \rightarrow O_2 + OH$$

다음과 같이 $HO_2$ 화학종이 생성된 오존과 직접 반응하면서 오존을 파괴한다.

$$\text{전체반응:}\ HO_2 + O_3 \rightarrow OH + 2O_2$$

### (2) 질소 산화물 라디칼(nitrogen oxide radicals: NOx; NO/$NO_2$)

1960년대에 초음속 제트기가 실제 비행에 도입되면서 그 배기 가스가 성층권 오존에 끼치는 연구가 수행되었다. Crutzen과 Johnson은 일산화질소가 촉매로 작용하며, 오존을 파괴하는 다음과 같은 반응이 진행됨을 규명하였다.

$$O_3 + NO \rightarrow O_2 + NO_2$$

$$NO_2 + O \rightarrow O_2 + NO$$

$$\text{전체반응: } O_3 + O \rightarrow O_2 + O_2$$

이와 같은 질소산화물에 의한 오존 분해 반응을 설명함으로써 비로소 Chapman 순환에 따라 산정한 오존 농도와 실제 측정한 오존 농도를 어느 정도 정량적으로 설명할 수 있게 되었다.

성층권의 오존 거동은 반응성이 큰 화학종이 생성되고 이동하며 제거되는 화학반응의 결과이다. 이 화학종들의 일부는 지표면에서 발생하여 대류권을 거쳐 성층권에 이르기도 한다.

성층권에서 오존과 촉매 반응을 하는 질소산화물, NO와 $NO_2$은 대류권에서 인간활동에 따라 배출되는 질소 산화물이 아닌, 성층권에 유입된 일산화 이질소($N_2O$: nitrous Oxide, 아산화질소, 웃음가스)가 성층권에서 광화학 반응을 통해 생성된 것이다.

$$N_2O + O \rightarrow NO + NO$$

성층권에 유입된 $N_2O$의 주된 출처는 생물학적인 질소 순환이다. 그 외에도 비교적 양은 적지만, 연소과정에서 NO와 $NO_2$외에 $N_2O$가 생성되기도 하며 질산(비료)과 지방산(비누) 등의 산업에서 부산물로 생겨나기도 한다.

항공기 등 비행물체의 배기가스가 성층권 하부에서 방출되는데 기인하는, 추가적으로 유입되는 상당한 양의 NO는 성층권 중간 대역(고도25-35 ㎞)에서 오존이 파괴되는 반응에 주요하게 기여한다. 다음 그림은 성층권의 질소 산화물 생성을 나타낸다.

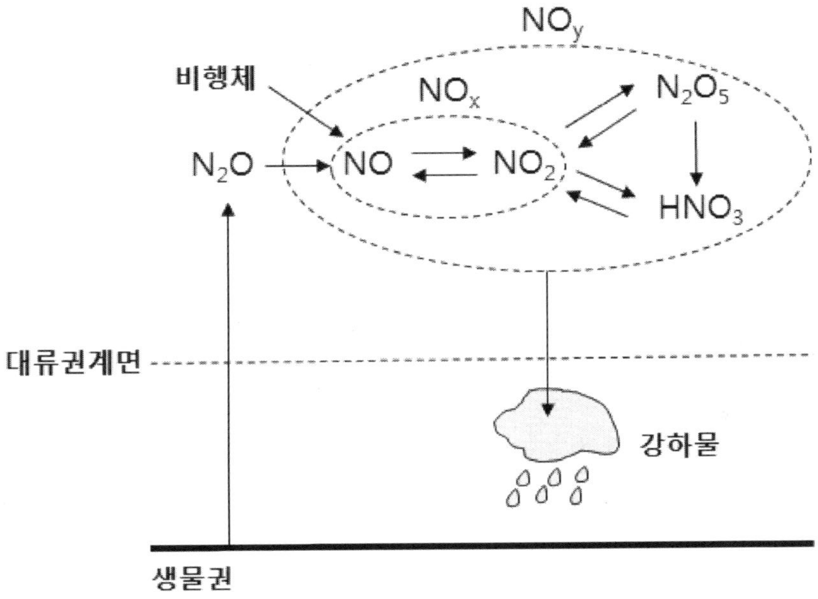


〈그림〉 성층권의 질소 산화물, NOx , 유입과 생성

### (3) 염소 화학종 라디칼(Chlorine radicals: Cl/ClO)

앞에서 살펴본 오존 생성과 파괴에 관한 화학종들의 반응예측에서 보다 성층권의 오존 농도가 낮아지고, 특히 남극 상공에서의 오존 농도가 현저히 낮아지는 현상 등은 염소 화학종이 촉매로 작용하여, 다음 반응식에서처럼, 오존 분해 반응을 가속시킨다는 것을 Rowland와 molina가 결정적으로 규명하였다(Crutzen, Rowland, molina, 이 세 사람은 성층권에서의 오존 파괴 현상을 규명한 이 업적으로 1995년 노벨화학상을 공동수상하였다).

$$O_3 + Cl \rightarrow O_2 + ClO$$

$$ClO + O \rightarrow O_2 + Cl$$

$$\text{전체: } O_3 + O \rightarrow O_2 + O_2$$

이 메커니즘에 따르면 전체 반응 결과에서 성층권 오존은 소멸되어 산소 분자로 전환되지만 염소 원자는 재생되고 순환 과정을 통해 오존을 파괴하는 촉매 역할을 지속함으로써 성층권 오존이 빠른 시간 안에 사라지거나 매우 낮은 수준에 머무를 것으로 보인다.

그러나 급격히 낮아지던 오존 농도가 어느 정도 회복되는 과정을 반복 하는 현상에 대한 설명은, 오존 파괴 과정 이외에 또다른 공정, 즉 오존 파괴에 기여하는 촉매의 소멸 혹은 새로운 오존 생성 과정 등을 통해서 가능하다.

염소화학종은 성층권 화학에서 핵심 물질이지만, 지표면의 바다와 화산활동에서 배출되는 염소 화합물($Cl_2$, HCl, NaCl)들은 수용성이고 생애 주기가 짧은데, 이 화합물들은 대기권 낮은 곳에서 생성된 후 수일 내에 습식 강하물로 제거된다. 성층권의 염소 중에서 자연적인 출처에 기인하는 유일한 화학종은 바다에서 해양 미생물에 의해 생성된 염화메틸($CH_3Cl$: methylchloride)인데 그 양은 성층권 염소의 약 20 % 정도이다.

1970년대 이후 성층권 오존 파괴의 가장 큰 원인은 인간활동에 따른 염화불화탄화수소($CFC_s$: Chlorofluorocarbons) 기체 사용량의 증가임이 밝혀졌다. 화학적으로 비활성인 $CFC_s$의 대기 체류시간은 40-150년이며, 성층권에서는 광분해 반응에 의해 상당한 양의 염소 라디칼을 생성한다. 가장 중요한 $CFC_s$로는 $CFCl_3$(CFC-11), $CF_2Cl_2$ (CFC-12), 사염화탄소($CCl_4$), 메틸클로로포름($CH_3CCl_3$)을 들 수 있으며 이들로부터 생성되는 주된 염소라디칼 화학종($ClO_x$)은 염소(Cl)와 일산화염소(ClO)이다.

염소 생성은 다음 광분해 반응에 따른다.

$$R-Cl \xrightarrow[\lambda < 215\ \text{nm}]{h\nu} R+Cl$$

염소화합물에 의한 촉매 연쇄반응은 다음과 같이 성층권에서 오존과 산소 원자의 감소를 일으킨다.

$$Cl + O_3 + \rightarrow ClO + O_2$$

$$ClO + O \rightarrow Cl + O_2$$

$$\text{전체반응}: O_3 + O \rightarrow O_2 + O_2$$

염소 라디칼에 의한 오존 파괴는 특히 지상 30 km 정도에서 일어난다.

성층권 하단부에서는 염소에 의한 오존 파괴가 약해지는데 이는 염소 라디칼과 다른 화합물 간 화학반응이 우세하기 때문인데, 예를 들어 일산화질소(NO)가 존재하는 경우 ClO가 산소원자(O) 대신 NO와 반응하여 오존 파괴를 방해할 수 있다.

$$ClO + NO \rightarrow Cl + NO_2$$

이렇게 생성된 이산화질소($NO_2$)는 오존 생성에 기여함으로써 오존 소멸 정도를 완화시킨다.

그 밖에 $ClO_x$와 $NO_x$, $HO_x$ 사이의 추가적인 반응은 오존 파괴에 기여할 수 있는 촉매들을 오존과 반응하지 않는 반응성이 낮은 안정한 화학종으로 전환시킬 수 있다.

$$ClO + NO_2 + M \rightarrow ClONO_2 + M$$

$$ClO + HO_2 \rightarrow HOCl + O_2$$

$$ClO + OH \rightarrow HCl + O_2$$

$$CH_4 + Cl \rightarrow HCl + CH_3$$

질산화염소($ClONO_2$), 하이포아염소산(HOCl), 염화수소(HCl)과 같은 저장 화학종(reservoir species)은 하강하여 대류권으로 이동할 수 있고, 대기권에서 습식 강하물에 용해되어 지표면으로 떨어져 제거될 수 있다. 이 중 HCl은 성층권에서 일시적인 저장 화학종일 뿐 수산화 라디칼과 반응하여 다시 염소 원자를 생성할 수도 있다.

$$OH + HCl \rightarrow Cl + H_2O$$

아래 그림은 $Cl_x$, $ClO_y$ 등의 염소 화학종이 성층권에 유입되고 생성 되는 것을 나타낸 것이다.

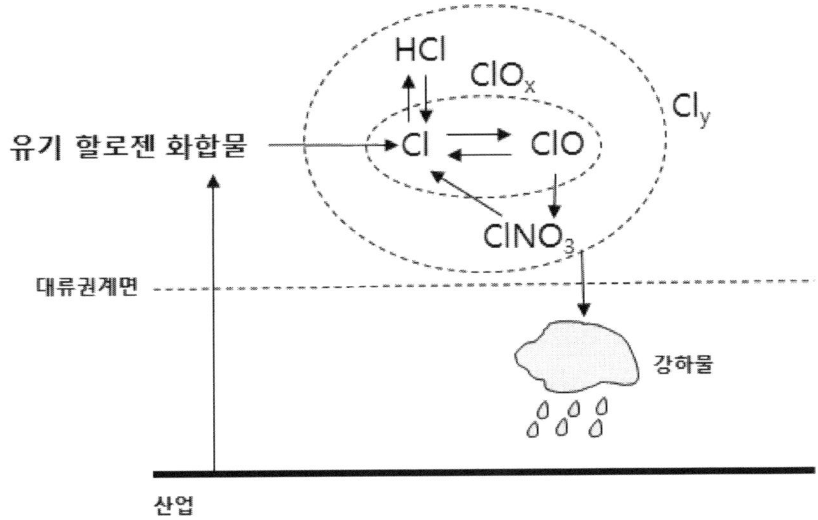


**〈그림〉** 성층권에서의 염소 화학종 유입과 생성

인간활동에 따른 브롬화탄화수소(할론: halon)도 성층권에 도달하여 광분해 반응을 통해 브롬 촉매가 되어 오존 파괴에 관여할 수 있는데 그 반응 메카니즘은 염소화학종과 유사하다.

오존파괴에 기여하는 할로젠화학종은 할로젠 화학종끼리 반응하기도 한다. 다음 반응은 동일한 할로젠 화학종이 서로 반응하여 오존을 파괴하는 메커니즘의 한 예로써, ClO 화학종끼리의 반응에서 생성된 염소원자(Cl)가 오존을 파괴하는 반응이다.

$$ClO + ClO \rightarrow (ClO)_2$$

$$(ClO)_2 + \text{sunlight} \rightarrow ClOO + Cl$$

$$ClOO \rightarrow Cl + O_2$$

$$2(Cl + O_3 \rightarrow ClO + O_2)$$

전체반응: $2O_3 \rightarrow 3O_2$

한편 다음 반응은 서로 다른 할로젠 화학종이 반응하여 오존을 파괴하는 메커니즘을 나타낸다.

$$ClO + BrO \rightarrow Cl + Br + O_2$$

$$ClO + BrO \rightarrow BrCl + O_2$$

또는 $BrCl + \text{sunlight} \rightarrow Cl + O_2$

$$Cl + O_3 \rightarrow ClO + O_2$$

$$Br + O_3 \rightarrow BrO + O_2$$

전체반응: $2O_3 \rightarrow 3O_2$

## 3.2.4 다른 오존 생성 반응

여러 화학종에 의한 다양한 경로의 오존 파괴 반응을 규명하면서, 산정한 성층권의 오존 농도는 실제 측정치 보다 낮은 값이 되므로, Chapman 순환에 따른 오존 생성 이외에도 또다른 오존 생성 반응이 있음을 알게 되었다. 오존 농도 회복에 관한 오존 생성 반응의 한 예로 질소산화물 반응을 들 수 있다. 성층권에서는 산소 분자의 광화학 분해 반응에 의한 오존 생성 이외에, 성층권 하부에서 $NO_2$의 광분해를 통한 다음 반응에 따라 오존 분자가 생성될 수 있다.

$$NO_2 + h\nu \rightarrow NO + O$$

$$O + O_2 \xrightarrow{M} O_3$$

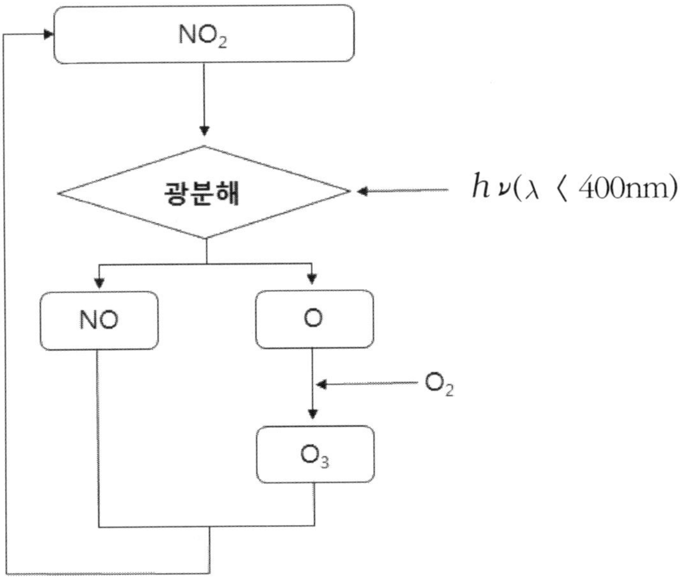


〈그림〉 질소 산화물의 광분해에 따른 오존 생성 과정

## 3.2.5 성층권 상부에서의 반응

성층권 상부에서의 오존 농도가 성층권 중간 영역에서보다 낮은 것은 상부에서 촉매에 의한 오존 파괴가 일어나기 때문인데 다음은 그런 반응 중 하나이다.

$$H + O_3 \rightarrow OH + O_2$$

$$OH + O \rightarrow H + O_2$$

$$\text{전체반응: } O_3 + O \rightarrow O_2 + O_2$$

이런 순환 반응을 위해서는 대기권에 수소 원자가 충분해야 하는데, 이는 고도 55 ㎞ 이상 권역에 해당한다. 즉, 성층권 상부 혹은 그 이상의 고도에 해당하는 권역에서는 다음 반응에 나타낸 것처럼 수소를 포함한 화학종이 포함된 순환 반응이 활성화되어 나타난다.

$$OH + O \rightarrow H + O_2$$

$$H + O_2 \xrightarrow{M} HO_2$$

$$HO_2 + O \rightarrow OH + O_2$$

$$\text{전체반응: } O + O \rightarrow O_2$$

## 3.2.6 극지방의 성층권

다음 그림은 극지방에서의 오존 농도 감소 과정을 보여준다. 극지방에서 성층권 하단부의 기온은 겨울에 최저가 되어, 남극 지역에서는 7,8월에 평균 -90 ℃, 북극에서는 1,2월에 -80 ℃에 이르게 되는데, 이러한 기상 상태는 약 -78 ℃ 이하에서 생성되는 극성층운(PSCs: polar stratospheric clouds)을 발달시켜, 북극 지역에서는 1-2개월, 남극 지역에서는 5-6개월 지속된다. 이 극성층운 표면에 포함되어 있던 염소 함유 화합물들이 봄이 되면 강한 햇빛의 자외선을 받아 광분해를 일으키면서 염소 원자를 생성하고, 이는 성층권 오존과 반응하여 매우 반응성이 큰 ClO 라디칼을 형성하여 오존 파괴를 가속화한다. 겨울철 온도 변화가 큰 북극 상공에서 보다도, 낮은 온도가 장기간 지속되는 남극 상공에서 오존층 파괴에 따른 성층권 오존 농도감소가 더 넓은 면적에 걸쳐 크게 나타나므로, 남극 상공에서의 오존 홀 형성은 더욱 심각하게 관찰된다.

## 3.2.7 오존 파괴 주요 화합물 -염화불화탄화수소

듀퐁(Dupont)사에서 냉매제를 연구하다 열에 강하고 달라붙음이 적은 테프론(Teflon)을 개발한 화학자 Plunkett이 CFCs 혹은 프레온(freon)으로 알려진 염화불화탄화수소((CFCs: chlorofluorohydrocarbons))를 냉매제로 이용하기 시작했다. 듀퐁은 탄소, 수소, 플루오린 및 염소로 이루어진 다양한 CFCs 생산품을 구별하기 위해 세 자리 숫자를 사용하였는데, 첫째 숫자는 탄소원자수-1, 둘째 숫자는 수소원자수+1, 셋째 숫자는 플루오르 원자 수로 표기하였다.

예를 들어 CFC-123(또는 freon-123)은 $C_2HF_3Cl_2$ 화학식을 나타낸다. 염소원자의 수는 포화 탄소 사슬의 구조식에서 수소 원자와 플루오르 원자 자리를 제외한 자릿수이다. 탄소원자 하나만 갖는 CFCs는 두 자리 숫자로 표기되는데, 냉장고와 자동차 에어컨에 사용되는 Freon-12의 화학식은 $CF_2Cl_2$로, 이는 탄소 원자 1개, 플루오르 원자 2개 그리고 탄소의 단일 결합(포화) 수, 4개 중 나머지 2개는 염소원자가 결합된 화합물이다.

듀퐁의 이 표기법은 그 숫자에 90을 더하면 모두 세 자리 숫자가 되는데 그 첫째, 둘째, 셋째, 숫자가 각각 해당 화합물 화학식의 탄소(C), 수소(H) 및 플루오르(F) 수를 나타낸다. 즉 앞의 CFC-123에서 숫자 123에 90을 더하면 그 수는, 123 + 90 = 213으로 2,1,3은 각각 C, H, F의 개수에 해당하여 해당 화합물 화학식은 $C_2HF_3Cl_2$이 되고, Freon-12는, 12 + 90 = 102로, 탄소, 수소, 플루오르 원자 수가 1, 0, 2인 $CF_2Cl_2$ 화합물을 나타낸다.

CFC는 독성이 없고 불연성 재질이어서 1990년대 초까지 냉매제, 에어로졸 분무기, 드라이크리닝 용제, 전자부품 세척제 등으로 모든 나라에서 광범위하게 사용되었다.

1973년 Lovelock은 대기 중 농도를 측정하여, 그때까지 사용된 $CFC_S$는 파괴되지 않고 대류권 전역에 전 지구적으로 확산되었다는 것을 확인하였다(Nature, 241, 194 (1974)). 한편 1974년, Molina와 Rowland는 $CFC_S$에 의해 오존이 파괴된다는 논문을 발표하였고(Nature, 249, 810 (1974)), 그 후 NASA는 성층권에 HF가 존재한다는 것을 확인하였다. 이 화합물은 자연적으로 생성된 것이 아니고 사람이 사용한 $CFC_S$의 분해에 의해 생긴 것으로, 이는 Molina와 Rowland가 제시한 바에 따르면 $CFC_S$의 분해로 생성된 라디칼 화학종이 오존 파괴 반응에 촉매로 작용하면서 생긴 화합물이다.

## 3.3 대류권

대기오염 물질들은 대부분 기체 혹은 증기 상태로 존재하면서 환경 조건에 따라 여러 가지 복잡한 합쳐진 상태로 나타나기도 한다. 몇 가지 대기오염물질의 발생원과 그 영향을 다음 표에 나타냈다. 대기에서의 오염 작용은 액체 혹은 고체가 원인이 되기도 하지만, 그 속의 기체 증기압이 매우 커서 기체상으로 전환된 물질이 화학 반응을 일으키는 것으로 설명할 수 있다. 지구에서의 배출되는 대기 오염 기체 발생량 중에서 인간 활동으로 인한 양이 차지하는 비율은 기체 종류에 따라 차이가 큰데, 인간 활동에 의한 영향이 큰 기체로는 $SO_2$와 자연 발생적이지 않은 미량 기체들로 그리고 CO, $CO_2$, 및 $NO_X$ 등을 들 수 있다. 발전소, 교통수단 등 에너지 생산이나 전환 과정에서 오염 물질들이 특정 지역이나 권역의 점 발생원에서 유래함을 볼 수 있다. 인간활동에 기인하는 기체상 오염물질 발생원의 약 2/3는 지표면의 5 % 정도 지역에 집중적으로 분포하고 있다.

〈표〉 대류권 오염물질의 생성과 영향

| 오염물질 | 발생원 | 인체 영향 |
|---|---|---|
| 일산화탄소(CO) | 자동차 및 연료 연소 | 인체 내 산소 전달 방해 |
| 오존($O_3$) | 광화학 스모그 | 폐 기능 축소 및 호흡기 질환 유발 |
| 납(Pb) | 금속 관련 납 함유 연료 사용, 소각 등 | 신경계 질환 및 인지능력 상실 |
| 이산화질소($NO_2$) | 화석 연료 및 목재들의 연소 | 호흡 질환 유발, 폐 질환 악화 |
| 입자상 물질 (Particulate Matter) | 연료의 연소, 공업이나 농업 등 여러 산업 공정, 도로 등에서 생성 | 장, 단기 노출에 의한 심장, 폐, 호흡기 질환 유발 가능성 |
| 이산화황($SO_2$) | 발전소와 산업 공정에서의 황 함유 화석 연료 연소, 화산 활동 | 천식, 호흡 곤란, 건강 관련 입자상 물질 생성 |

대류권(troposphere)에서 고도에 따른 온도 하강은 평균적으로 6.5 K/ ㎞인데, 기온에 따른 공기의 밀도 변화에 따라 대류권에서 발생된 대기 오염 물질은 자연적인 수직 혼합이 일어난다. 여기에서 벗어나면 기온역전이 일어난다. 즉 밀도가 큰 찬 공기 위에 따듯한 공기가 놓이면, 대기의 수직 운동이나 난기류 형성이 거의 일어나지 않고 대기는 정체되어 안정화 된다. 이는 대기 중으로 배출되는 오염물질의 이동과 확산을 억제하고 오염물질의 정체와 축적을 일으킨다. 즉 대류에 의한 공기의 수직 혼합이 방해를 받고 그로 인해 지표면의 오염 배출원 근처에서의 공기 희석은 줄어들면서 오염물 유입은 지속적으로 증가하여 대기 환경 오염이 심각해 질 수 있다.

이런 조건에서 $NO_X$와 $SO_2$ 그리고 탄화수소 등 대기오염물질 농도가 높아지면 스모그(smog=smoke + fog) 현상이 나타난다. 기체상의 대기오염 물질은 대기질 상태와 각 권역의 환경에 중요한 영향을 끼쳐서, 기후 혹은 기상변화, 또는 식물, 동물과 사람, 그리고 비생물적인 환경요소에도 영향을 끼친다.

## 3.3.1 대기권의 화학 -이상 기체 법칙

산업 등 인위적 과정에서의 기체 거동이 이상기체상태와 다르기는 하지만 대기의 물리적 상태를 합리적으로 기술하기 위해서는 1)이상기체법칙(ideal gas law) 2)맥스웰-볼츠만 분포함수(Maxwell-Bolzmann distribution function) 3)중력 하에서의 유체 정력학적 평형(hydrostatic equilibrium under gravity) 4)달톤의 분압 법칙(Dalton's law of partial pressure) 등을 이해하는 것이 필요하다. 그 중에서도 이상기체 법칙은 기체의 상태를 이해하고 다루는 데 필요한 가장 기본적인 법칙이다.

이상 기체는 구성 기체 입자가 완전 탄성 충돌하는 것 외에는 상호작용없이 움직이는 점(부피가 없는)으로 이루어져 있다는 가정에 따른 이론이지만, 이 개념으로 기체를 이상 기체 법칙이라는 간단한 상태방정식으로 묘사할 수 있다.

이 법칙에 따르면 이상기체 1몰( mole)은 표준 상태(0°C, 1 atm)에서 기체의 종류와 무관하게 부피가 22.4리터인데, 대부분의 실제 기체들도 정성적으로는 이상 기체와 유사하다. 대기권의 주요 구성 기체인, 질소, 산소, 수소, 아르곤 등 비활성기체 그리고 좀 더 무거운 이산화탄소 기체도 어느 정도 범위 내에서는 이상 기체로 다룰 수 있다.

실제 지구대기의 대부분을 차지하는 질소와 산소는 대기권의 온도와 압력에서 이상 기체와 유사하게 다룰 수 있는데, 그 중에서도 질소는 더욱 이상기체 거동에 가깝다. 대기 조성 성분 중 가장 비이상적 거동을 보이는 것은 대기 미량 성분 중 적지 않은 양이지만 계절 및 지역에 따라 조성비의 편차가 큰 수증기($H_2O$)이다. 하지만 이 기체에 대해서도 기상학 등의 분야를 제외하고는 이상 기체로 가정해 다루어도 오차가 아주 크지는 않다.

이상기체법칙 식은 다음과 같다.

$$PV = nRT$$

이 식을 밀도($\rho$)를 포함하는 식으로 변환하기 위해서 기체 몰 수 n을 해당 기체의 질량(m)과 분자량(M)을 사용하여 m/M으로 대체하고 양변을 기체 부피(V)로 나누면

$$P = \frac{m}{V}\frac{R}{M}T$$

가 되며, 여기서 $\frac{m}{V}$은 밀도($\rho$)가 되어

$$P = \rho\frac{R}{M}T$$

여기서 기체 상수 R을 기체의 분자량(상수)로 나눈 $\frac{R}{M}$은 새로운 상수, 비기체상수(specific gas constant), $R^*$로 표기하기도 하는데 이렇게 되면 식의 모든 인자(P, T, $\rho$)의 크기는 세기 성질(intensive properties)을 갖는다.

> **세기 성질(intensive properties)**
>
> 세기 성질은 계의 크기(부피 등)나 계를 구성하는 물질의 양(무게 등)에 의존하지 않는 물리적인 성질을 나타내는 벌크 속성(bulk property)이다.

## 3.3.2 대기 오염 물질의 농도 표시 - 농도 전환

대기 오염물질을 측정하고 나타낼 때 사용하는 일반적인 단위는 기체 상 물질의 경우 ppm(part per million), ppb(part per billion) 등으로 표기하고, 입자상 물질의 경우는 단위 부피 당 입자의 질량 즉, μg/㎥(micrograms per cubic metre) 혹은 ng/㎥(nanograms per cubic metre) 등으로 표기한다. 이러한 농도 표기는 다른 단위로 전환할 수도 있는데 이런 농도 전환을 예를 들어 알아본다.

기체의 여러가지 농도를 상호 전환 하는데 앞에서 논의한 이상 기체 법칙을 이용한다.

### (1) ppm을 분자수/㎥ 또는 몰 농도로 바꾸어 나타내기:

대기 중 어떤 물질(조성 기체 혹은 대기 오염물)의 농도가 2 ppm이라고 하면 이것의 의미는 다음과 같다.

- 공기 분자(air molecules)가 100만 개 있으면 그 중 2개 분자( molecule)가 해당물질이다.
- 공기(air)가 100만 몰( mole) 있으면 그 중 2몰( mole)은 해당물질이다.
- 전체 공기압력(total air pressure)이 1기압( atm)이면 해당물질의 부분압력은 $2 \times 10^{-6}$ atm이다.

예를 들어 25 ℃, 1 atm에서 기체 농도 2 ppm을 molecules/m$^3$로 표기하려면 공기 분자 100만개 중에 해당 기체가 2개 들어있는 것이므로, 먼저 공기 분자 100만 개의 몰수를 계산하기 위해 아보가드로 수, 1 mol = 6.02×10$^{23}$을 이용하여 몰수를 계산하면;

$$1{,}000{,}000 \times \frac{1\ mole}{6.023 \times 10^{23}} = 1.66 \times 10^{-18}\ mole$$

이상기체법칙, PV=nRT를 이용하여 공기 분자 100만 개의 부피를 계산하면,

$$V = \frac{nRT}{P} = \frac{1.66 \times 10^{-18}(mole) \times 0.082(L \cdot atm \cdot mol^{-1} \cdot K^{-1}) \times 298(K)}{1.0(atm)}$$

$$= 4.06 \times 10^{-17}(l)$$

부피 $l$을 cm$^3$로 환산하면 4.06×10$^{-14}$ cm$^3$, 따라서 이 부피 속에 기체가 2개 있으므로 2개÷4.06×10$^{-14}$cm$^3$=4.92×10$^{13}$개/cm$^3$=4.92×10$^{19}$개/m$^3$가 된다.

이 농도를 다시 몰농도로 표기하려면 2 ppm은 기체 분자 100만개 중 2개가 해당 기체이므로, 기체 2개를 아보가드로 수를 이용하여 몰 수로 환산하면,

$$2 \times \frac{1\ mol}{6.023 \times 10^{23}} = 3.32 \times 10^{-24}\ mol$$

이 몰 수의 기체가 위에서 계산한 부피 속에 들어 있는 것이므로 몰 농도(M: mole/L)로 표시하려면,

$$\frac{3.32 \times 10^{-24}\ mol}{4.06 \times 10^{-17}\ l} = 8.18 \times 10^{-8}\ M$$

(2) $\mu$ g/m$^3$을 ppm이나 ppb로 바꾸어 나타내기:

대기(25 °C, 1 atm) 중의 $NO_2$ 농도가 150 $\mu$g/m$^3$라고 하면 몇 ppb에 해당하는가?

먼저 150 $\mu$g $NO_2$의 몰( mol) 수를 구하기 위해 $NO_2$의 분자량(M=46.00)을 이용한다.

$$mol수: \; 150 \times 10^{-6}\, g \times \frac{1mol}{46.00\, g} = 3.26 \times 10^{-6}\, mol$$

여기에 아보가드로수를 곱하면 1 mol 속에 든 $NO_2$ 분자 갯수가 된다.

$$3.26 \times 10^{-6}\, mol \times \frac{6.023 \times 10^{23}}{1mole} = 1.96 \times 10^{18}(개)$$

이 대기 조건이 이상기체에서 크게 벗어나지 않는다고 가정하고, 1 m$^3$의 공기의 몰 수를 이상 기체 법칙에 따라 계산하면 PV=nRT로부터

T = 273 + 25 = 298 K, 1 $m^3$ = 1000 $l$이므로,

$$n = \frac{PV}{RT} = \frac{1\ (atm) \times 1,000\ (l)}{0.082\ (l \cdot atm \cdot mol^{-1} \cdot K^{-1}) \times 298(K)} = 40.9\ mol$$

이 몰 수에 해당하는 공기의 갯수는 역시 아보가드로 수를 곱하여 구할 수 있다.

$$40.9\ mole \times \frac{6.023 \times 10^{23}}{mole} = 2.46 \times 10^{25}(개)$$

즉 2.46×10$^{25}$개의 공기 분자 속에 1.96×10$^{18}$개의 $NO_2$분자가 들어있는 것이므로 그 비는 $\frac{1.96 \times 10^{18}(개\, NO_2)}{2.46 \times 10^{25}(개\ 공기)} = 0.797 \times 10^{-7} = 79.7 \times 10^{-9}$ $= 79.7/1,000,000,000$

따라서 대기 중 $NO_2$가 150 $\mu$g/m$^3$이라면 이는 79.7 ppb에 해당한다.

## 3.3.3 대류권의 화학 물질

### (1) 이산화탄소(carbon dioxide: $CO_2$)와 일산화탄소(carbon monoxide: CO)

대기권의 성분은 지구 생성 이래 지속적으로 조성된 기체 생성물이다. $CO_2$ 역시 자연적으로 존재해왔고 그 농도 역시 일정한 값을 갖고 있다. 과학자들이 남극 빙하 지대에 갇혀 있는 얼음을 분석한 결과 $CO_2$ 농도가 장기간에 걸쳐 상당한 증감이 있음을 확인하였다. 10만년 이전에 비하면 현재 $CO_2$ 농도는 상당히 증가했고 이는 인간활동에 의한 영향으로 보고 있다. 그 영향으로 온실효과가 나타나는 것으로 보고 많은 논의가 지속되고 있는데, 이를 구체적으로 규명하기 위해서는 전 지구적인 탄소 순환에 대한 정확한 해석이 필요하다.

간단한 탄소 순환 과정은 화석연료(석탄, 석유, 천연가스)의 연소, 화산활동에 의한 탄소화합물이 강우와 호수 · 강 · 바다의 물과 교환 반응을 하는 것, 그리고 대기로 $CO_2$가 배출되는 호흡 혹은 유기물질의 분해($CH_2O + O_2 \rightleftharpoons CO_2 + H_2O$) 반응과 더불어 대기 중의 $CO_2$를 유기물이 취하는 광합성($CO_2 + H_2O \rightleftharpoons CH_2O + O_2$) 등 여러 과정이 복합적으로 연계된다.

이 순환계에서 대기권은 상대적으로 작은 탄소 저장고이어서 $CO_2$ 양으로 보면 대기 중의 $CO_2$ 양은 바닷속의 약 1/60에 불과하다. 그 결과 대기 중의 $CO_2$ 체류시간($CO_2$ 분자가 대기 중에 머무는 평균 시간)이 상대적으로 짧은 약 10년이 되는데(예를 들어 질소($N_2$)의 체류시간은 $4 \times 10^8$년 이다), 이는 화석연료의 연소나 열대 우림 파괴와 같은 인간 활동이 대기 중 $CO_2$ 농도 증가에 결정적인 영향을 끼칠 수 있음을 뜻한다.

산업화 이후 $CO_2$농도는 뚜렷이 증가하고, 그에 대한 관심이 전개된 1950년대 이후에도 약 35 ppm, 10 % 정도 추가로 증가하여 현재는 전 지구적 평균 농도가 350 ppm~400 ppm 정도에 이르고 있다. 자동차에서 배출되는 $CO$ 또한 산소와 산화되어 $CO_2$ 증가에 기여한다. $CO_2$ 농도는 계절에 따라 차이가 나는데 식물의 광합성 작용이 활발한 여름철 농도가 겨울철에 비해 약 7 ppm 정도 낮다.

$CO_2$는 색과 냄새가 없는 기체로 현재 대기 중의 농도로는 사람의 건강에 직접적인 영향을 주지는 않는다. 하지만 온실가스로 작용하여 지구 온난화에 기여한다는 것이 밝혀지고 있다. 일산화탄소, $CO$는 헤모글로빈과 결합함으로써 혈액의 산소운반을 방해함으로써 닫힌 공간에서와 같이, 경우에 따라서는 $CO$ 농도가 인체에 치명적인 영향을 끼치기도 한다.

### (2) 질소산화물($NO_x$)

질소($N_2$)는 대기 조성 중 약 78 %를 차지하는 기체로, 그 산화물 중 중요한 기체는 일산화질소(nitrogen monoxide: $NO$)와 이산화질소(nitrogen dioxide: $NO_2$)이며 이 두 기체는 주요 대기질 관리 물질에 해당한다.

$NO$와 $NO_2$는 고온(500~600 ℃이상) 연소과정에서 공기 주성분인 질소가 산화하여 생기는 것으로 주요 배출 원인은 교통과 난방이다. 연소 시 배출되는 기체 질소 화학종의 90~95 %는 일산화질소 형태이고, 대기 중에서 산화하여 유해한 이산화질소($NO_2$) 형태로 전환된다. 자동차 등 교통수단에서 배출되는 질소 산화물은 촉매를 장착한 배기 시스템으로 괄목할 만한 감소를 이룰 수 있다. 고온 연소 시 이용하는 공기 중에 상당한 양의 질소 분자가 들어있기 때문

에 질소 산화물 생성 문제는, 황산화물 문제와는 달리, 연료 조성 변화로 해결할 수는 없는 필연적인 생성 물질이기도 하다.

대기 중의 질소산화물 농도는 연중 변화가 있는데, 일반적으로 최고 농도는 겨울에 나타나고 최저 농도는 여름철에 나타난다. 이는 대기 중의 난기류 발생에 따른 대기 혼합과 희석 그리고 햇빛 영향에 따른 2차 오염물질로의 전환 등으로 설명할 수 있다. 인간활동으로 인한 것 외에 자연 발생적인 경우는 무엇보다 대기 중에서 일어나는 전기 방전, 번개에 의해 30,000 ℃ 정도의 고온이 발생하여 $N_2$ 산화가 일어난다. 그 밖에도 질소산화물은 산불과 땅 속 미생물 작용에 의해 생성, 방출되기도 하는데, 대기 중에서의 체류기간은 약 2~5일이다.

대기 중 질소산화물, $NO$와 $NO_2$, 그 중에서도 $NO_2$농도는 조금만 증가해도 사람에게 영향을 끼칠 수 있는데, 인체에 나타나는 대표적 증상으로는 호흡기 계통에 나타나는 기관지 질환이나 감염 면역력 약화, 기침이나 천식을 수반하는 폐질환을 유발할 수 있다.

질소산화물이 자연 환경에 끼치는 영향으로는, 식물에 다양한 피해를 주게 되는데, 단독으로 혹은 타 영향과 복합적으로 더 큰 피해(시너지효과)를 일으킬 수 있으며, 산성비와 광화학 스모그의 원인이 되기도 한다. 또한 질소는 합성 비료 속의 영양물질이기도 한데, 대기 중의 질소 농도가 증가하면 건성 혹은 습식 강하물로 식물에 영양분을 공급하는 과정에서 토양 화학 반응이나 영양물질 공급의 균형을 깨뜨릴 수도 있다.

### (3) 일산화이질소(dinitrogen monoxide 또는 아산화질소, nitrous oxide: $N_2O$)

일산화이질소($N_2O$) 기체는 아산화질소 혹은 '웃음가스'라고도 하는데 다른 질소산화물($NO$, $NO_2$)에 비해서 직접적인 대기 오염 물질로 언급되는 경우가 비교적 적은 기체이다. 이 기체는 미생물에 의한 생물학적 탈질 반응(즉, $NO_3^-$에서 $N_2$로의 환원)이나 토양 혹은 물속에서 일어나는 질산화 반응($NH_4^+$에서 $NO_3^-$로의 산화)으로부터 생기는 자연적인 발생량이 많다. 한편 인간활동에 의한 발생원은 생물체(biomass)와 화석연료의 연소, 토지 경작이나 합성 질소 비료 사용 등을 들 수 있다. 대기 중에서의 체류기간은 약 170년이다. 이 기체는 대류권에서 직접적인 온실효과를 일으키는 온실가스이며, 긴 체류기간으로 성층권에 도달하기도 한다. 성층권에서의 $N_2O$농도 증가는 일련의 반응을 통해 오존 분해를 일으키고 결과적으로 오존층 파괴의 원인 물질이 되기도 한다.

### (4) 이산화황(sulfur dioxide: $SO_2$)

황산화물은 지구환경에서 중요한 역할을 하며 인체에 끼치는 영향도 크다. $SO_2$는 황산염 에어로졸 생성의 전구 물질로서, 에어로졸은 지구의 에너지 방사량을 변화시키거나 시계를 감소시키는 등 전 지구적 또는 지역적인 기후 변화에 중대한 영향을 끼친다. 그 외에 $SO_2$ 배출은 수생태와 토양 생태계를 직접 위협하는 산성강하물의 원인이기도 하다. 특히 화석연료 연소로 발생하는 인위적인 $SO_2$ 방출은 화석 연료 속의 황 농도가 높기 때문에 자연적인 황산화물 발생량보다 많고, 그로 인한 영향도 크다. 특히 산업화 과정에서 화석 연료 사용이 증가하였고, 중국 인도와 같은 개발도상국가에서의 급속한 경제발전과 국가 간 교역으로 촉발되는 연료 사용량의 급속한 증가에 따라 전세계 $SO_2$ 배출량은 증가하였다.

한편 미국, 유럽 등의 산업국가에서 시작된 엄격한 환경규제로, 이제는 개발도상국가들도 자국 환경을 위해 도입함으로써 황 함유 연료의 질을 개선하고 배출시설의 탈황설비를 강화하면서 대기 중 황산화물 농도는 감소 추세이다. 황산화물은 주로 화석 연료 산화에서 유래하고, 그 중에서도 약 80 %는 가정과 산업 현장의 난방과 연소시설에서 유래한다. 산불이나 화산폭발로 인한 자연적인 황 유입은 인간 활동에 의한 황산화 물질 배출에 비해 매우 적다.

황산화물이 인간 건강에 끼치는 영향은 질소산화물과 유사한 과정으로 볼 수 있다. 이 자극적인 냄새 기체는 먼지 등과 결합하여 피부나 점막을 자극하거나, 농도가 높을 경우 호흡 곤란이나 가슴 통증 유발 등 호흡기 계통 질환을 일으키기 때문에, 특히 천식 환자나 어린이 등에게 위험하다. 자연환경에도 영향을 끼치는데 강우 등, 황산화물이 대기 중의 물과 만나면 황 함유 산성 물질이 되고, 공기 중 산소와 만나 산화되면 강산인 황산이 되기도 한다. 이 산은 질소산화물에 따른 질산과 더불어 산성비의 주된 원인 물질이기도 하다. 생성된 산성비는 엽록소를 파괴하여 식물을 고사시키거나, 그 산의 부식성으로 인해 역사적인 건축이나 기념물을 훼손 하는 등 환경오염을 일으킨다.

### (5) 기체 상 유기 오염 물질

대기 중의 유기화합물은, 쉽게 증발할 수 있는 유기 화학 물질을 말하는 것으로, 일차적으로 대기 환경에서 중요한 의미를 갖는 간단한 유기화합물은 메테인($CH_4$), 염화불화수소(CFC) 및 휘발성유기화합물(VOC: volatile organic compounds)을 들 수 있다.

(가) 메테인($CH_4$)

메테인은 가장 간단한 탄화수소로서, 지난 200년 동안 대기 중 농도가 약 2배 증가하였으며, 온실효과가 매우 큰 기체로 $CO_2$와 더불어 지구온난화 관점에서 주목해야할 기체이다. 자연적으로 배출되는 것도 많지만 전 세계적으로 볼 때, 무엇보다 열대지역에서의 농업과 토지 이용 늪, 논, 목초지에서의 미생물 작용(메탄박타리아에 의한 바이오가스 생성), 기타 대규모 축산(특히 반추동물의 소화 과정에서 발생되는 메테인)과 화산 활동으로부터 생긴다. 인간활동에 의한 것은 화석연료 연소 시 불완전 미연소로 인해 생기는 것이 주 원인이며 바이오가스 산업에서 가스관 누출 등 인재로 인해 발생하기도 한다.

메테인이 인간 건강과 환경에 끼치는 영향은 다양하고 복잡하다. 대류권에서 직접 온실가스로 작용하는 것 외에도 OH라디칼과 반응함으로써, 대류권 오염물 세정제라 불리우는 OH라디칼이 일산화탄소, 황화수소, 염화불화메테인 등의 다양한 대기오염물질과 반응하는 것을 방해한다. 또한 질소산화물($NO_X$)과 반응하여 오존을 생성함으로써 식물 성장을 방해하거나 숲 피해를 일으키고 인체 건강에 해를 끼치기도 한다.

(나) 염화불화탄화수소(CFC)

CFC는 성층권에서의 오존 분해에 관여하는 특별한 물질로써, 공업적 성질이 우수하여 냉매나 용매 혹은 스프레이 충진제($CFCl_3$나 $CF_2Cl_2$)나 발포 플라스틱 제조 등 다양한 산업에서 쓰이며, 그 화학적 안정성으로 인해 대기 중 체류기간이 긴 물질이다. 성층권에서의 오존층 파괴 물질로 잘 알려져 있는 이 기체는 그 화학적 안정성이 의미하는 대로 인체에 직접 유해하지는 않으나, 대류권의 CFC는 온실효과를 나타내어 지구온난화에 영향을 끼친다.

(다) 휘발성 유기화합물(VOC)

이것은 주로 유기물질 사용 과정에서 일부가 증발하여 배출되는 것으로, 주유 시 증발하는 벤젠이나 여러 산업 공정에 사용하는 다양한 유기 용매 그리고 자동차 등 에서와 같이 석유 제품의 불완전 연소 시에도 발생한다. 대부분의 VOC는 냄새가 강하여 일차적으로 악취의 원인이 된다. 질소산화물과 함께 광화학 스모그 반응을 통해 생성되는 이차 오염 물질들은 사람의 점막이나 안구를 자극하기도 하고, 백혈병을 일으키는 벤젠과 같은 암 유발 물질도 VOC에 포함되어 있다. 환경에서는 식물과 건물에도 영향을 끼치고 지표면 근처의 대기 중에서는 오존 생성에 관여하기도 한다.

### (6) 온실가스

온실가스(GHG: greenhouse gas)는 온실 효과를 일으키는, 적외선에 감응하는(infrared active) 미량 기체를 일컫는 용어이다. 이 기체에는 자연발생적인 것과 인간활동에 기인하는 것이 있다. 온실가스는 태양으로부터 대기권을 통과하여 지구에 도달했던 햇빛(전자기파)이 지표면에서 반사, 방출되어 우주로 되돌아가는 과정에서 유입된 전자기파 중 긴 파장의(적외선) 열 복사선 일부를 흡수한다. 이로써 자연 중의 온실가스들, 대표적으로 수증기는 지구 표면의 평균 기온을 약 15℃로 유지되게 한다. 과학자들은 만약 이런 자연적인 온실가스들이 없었다면 지표면 근처의 지구 평균 기온은 약 -18 ℃ 정도가 되어 지구에 생물이 존재하기는 어려웠을 것으로 본다.

한편 오늘날 온실가스에 대한 연구와 여러 매체에서의 언급은 자연적인 온실가스 외에 인간활동에 의한 다양한 온실가스의 추가적 배출과 대기 중에서의 지속적인 온실가스 농도 증가에 대한 것이 주를 이루고 있다. 이는 온실가스의 변화 추이가 지구 표면의 평균 온도 증가 및 그에 따른 전 지구적인 기후변화와 관련 있고 이는 곧 지구 생태계의 변화와 및 인간 삶에 영향을 끼친다는 과학적 주장에 기인한다.

이러한 지구 기후변화 관련 기체들은 이산화탄소($CO_2$), 메테인($CH_4$), 일산화이질소($N_2O$), 불화염화수소(CFC), 육플루오르화황($SF_6$) 그리고 오존 등 다양하다. 그 밖에도 구름과 에어로졸 그리고 입자상물질이 지구 기후변화와 관련한 물질로 여겨진다.

### (7) OH 라디칼 생성

성층권이나 그보다 높은 대기권에서는 태양 광선이 그곳까지 큰 방해없이 도달하므로 광화학 반응이 대기 조성을 결정하는 주된 반응이다. 한편 대류권에는 큰 에너지를 갖는 짧은 파장의 자외선이 거의 도달하지 않지만, 대류권에서도 광화학 반응은 중요하다. 대류권에서 태양광은 열에너지 공급원일 뿐 아니라 광분해 반응을 일으키는 에너지원이기도 하다.

310 ㎚ 이하 파장의 햇빛은 오존 농도가 높은 성층권에서 대부분 여과되어

대류권에서는 매우 약화되지만 일부는 지표면까지 도달하기도 한다. 그리고 대류권에는 성층권보다는 훨씬 적은 농도이지만 오존이 존재하여 다음과 같은 반응을 통해 충분히 들뜬 상태의 산소, $0^*$가 생성된다. 이 들뜬 산소 원자의 대부분은 주변 물질(주로 산소 혹은 질소)과 충돌하여 에너지를 전달하고 바닥상태 원자로 돌아간다. 그러나 일부 반응에서 충분한 정도로 들뜬 산소 원자가 수증기와 반응하여 OH, 수산기 라디칼(hydroxyl radical)을 생성한다.

다음은 대류권의 오존이 해리하고 수증기와 반응하여 OH 라디칼을 생성하는 반응식을 나타낸다.

$$O_3 \xrightarrow[\lambda < 310\text{ nm}]{h\nu} O_2 + O^*$$

$$O^* + M \rightarrow O + M \ (M = N_2, O_2)$$

$$O^* + H_2O \rightarrow 2{\bullet}OH$$

이 반응은 대류권에 존재하는 OH 라디칼의 주된 매카니즘으로 대류권 화학의 핵심 반응 중 하나이다. OH라디칼은 대류권에서 가장 반응성이 큰 화학종의 하나이며, 그 수명은 1초 정도로 매우 짧다. 대류권에서의 OH 라디칼 농도는 0.04 ppt(V/V) 정도로 성층권의 1/100 내지 1/1000 정도에 불과하지만 반응은 매우 활발하여, 대류권의 다양한 화학종들과 반응한다. 대류권에는 큰 에너지의 자연 전자기파가 없기 때문에 광화학 반응이 활발하지 못한데 비하여, OH라디칼은 다양한 대기 중의 미량 물질과 반응하여 그 미량 물질의 상당 부분을 변화시키거나 제거한다. OH라디칼에 의해 미량 물질 중 오염물질이나 유해 물질이 소멸되는 이러한 현상을 일컬어 대기의 '자정작용(self-cleaning)'

이라 하고, 이 반응에서 오염물질 제거에 중심 역할을 하는 OH라디칼을 대기의 세정제(detergent) 혹은 진공청소기(vacuum cleaner)라고 부르기도 한다.

OH라디칼과 반응하는 대부분의 대기오염물질들은 산화되어 수용성 물질로 전환되면서 비나 눈 등의 습식 강하물과 더불어 대기권에서 제거된다. 다음 그림은 OH 라디칼과 반응하는 화학종의 예를 나타내었다.

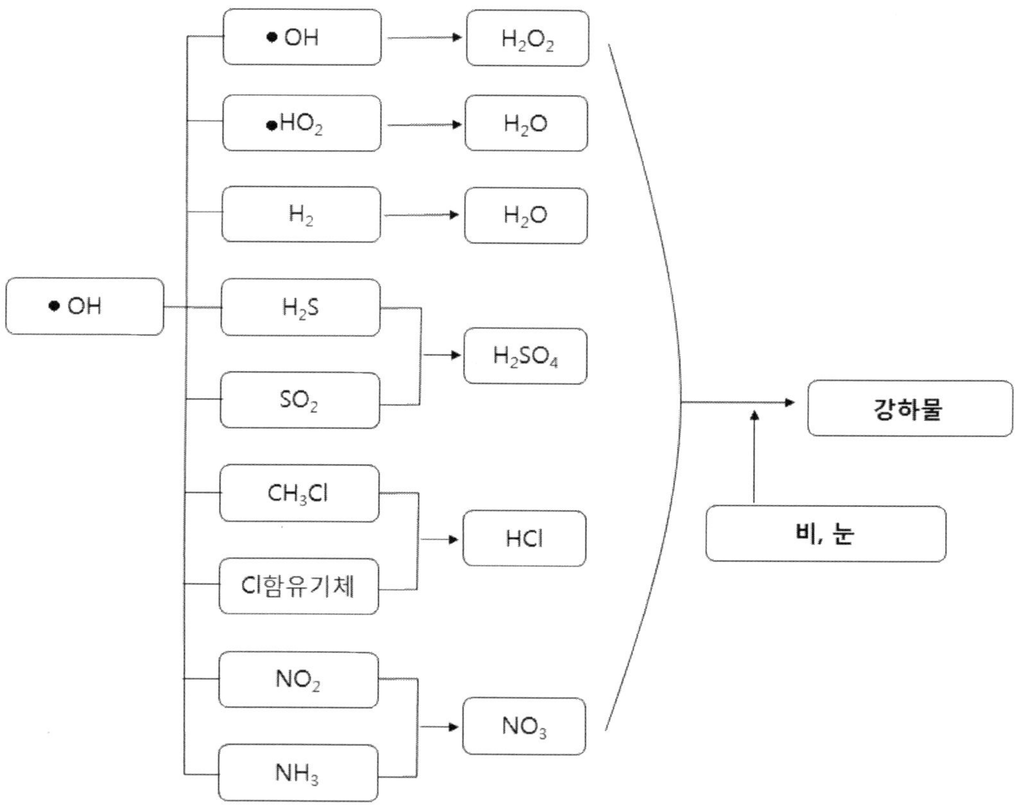


〈그림〉 OH 라디칼의 반응에 의한 대류권의 자정작용

## 3.3.4 대류권의 오염 현상

### (1) 스모그(smog)

(가) 런던 스모그(london smog)

런던 스모그는 연료사용으로 배출된 기체가, 인구 밀집 지역에 형성된 기온 역전 현상으로 인해 확산되지 않고, 오염물질이 지속적으로 축적되면서 대기 중 농도가 계속 증가하여 발생하였다. 일반적으로 대기 오염 물질은 고도가 높은 곳으로 이동하며 희석되는데, 이러한 공기 흐름을 일으키는 원동력은 많은 자연현상에서와 같이 햇빛이다. 지구에 유입된 단파장 광선은 땅에 흡수되어 흙의 온도를 높이고, 토양은 공기를 따듯하게 하며 가열된 공기는 상승하고, 상대적으로 무거운 상부의 차가운 공기는 하강하여 지표면에서 다시 가열된다. 태양이 비치는 낮 동안 이 순환은 지속되고, 대기 오염 물질을 함유한 공기의 흐름도 마찬가지이다. 밤이 되면 태양 동력에 의한 이 순환이 멈추고, 지표면 근처의 공기는 더 이상 따뜻해지지 않고 냉각되어 차갑고 무거워 지면서 순환되지 않고 지표면 근처에 머무른다. 이런 상황을 대기의 기온 역전(temperature-inversion)이라 일컫는다. 이는 주야로 나타나는 자연 현상이지만 이 기온 역전이 장기간 지속되면 문제가 발생하게 되는데, 특히 일조시간이 짧은 겨울에 일어날 수 있다. 기온 역전의 기상 조건이 나타난 지역에 가정난방이나 공장 가동에 따른 배기가스가 유입되어 장기간 머무르게 되면, 배기 가스 중의 유해 성분 농도가 지속적으로 증가하여 해당 지역에 거주하는 사람들의 건강에 치명적인 피해를 입힐 수 있다. 이런 현상에 따른 심각한 예가1952년 12월 영국 런던에서 발생하였다. 난방을 위한 석탄 연소로 인해 많은 이산화황 가스가 배출되고 기상 조건에 따라 형성된 스모그의 정체로 고통받던 수많은 시민들이 만성 폐질환과 호흡장애를 겪으면서 총 12000명이 사망했던 사건은 대표적 환경 오염의 사고인 '런던 스모그 사건' 이 되었다.

(나) 광화학 스모그(photosmog 혹은, Los-Angeles-Smog)

광화학 스모그는 햇빛이 강하고 공기의 수직 혼합이 매우 느린(기온 역전) 지역에서 광화학 반응 통해 생성된 오염물질이 쌓이면서 일어난다. 광화학 스모그의 대표 이름이 된 로스엔젤레스는 삼면이 산으로 둘러싸여 있고, 남은 한 방향은 바다이다. 자동차가 넘쳐나는 대도시에 햇빛이 강한 여름날, 바다의 찬 공기가 도시 지표면으로 유입되고 더운 공기는 상승하면서 기온 역전이 형성된 기상 조건에서, 오염된 물질을 포함한 지표면 공기의 수직 혼합이 일어나지 못함에 따라 발생하였다. 스모그 발생의 화학적 과정은 매우 복잡하지만, 그 중 간단한 이차 오염물질($O_3$)의 생성 반응을 보면 다음과 같이 쓸 수 있다.

일차 대기오염 물질인 자동차 배기가스로 인한 질소산화물($NO_X$) 중 하나인 NO는 불안정하여 대기중의 산소와 반응하여, 자극성 악취물질인 $NO_2$로 바뀐 후

$$2NO + O_2 \rightarrow 2NO_2$$

여름철 강한 햇빛 속의 자외선($h\nu$)에 의해 분해되어 반응성이 큰 산소원자를 생성하고

$$NO_2 + h\nu \rightarrow NO + O$$

$$O + O_2 \rightarrow O_3$$

이 산소원자는 대기중에 흔한 산소 분자와 결합하여 오존($O_3$)을 형성한다. 이 오존은 광화학 스모그에서 생기는 주요 이차 오염물질 성분이다.

〈그림〉 광화학 스모그에 쌓인 도시 - 멕시코시티

## (2) 산성비

자연적으로 발생하였거나 혹은 인간활동에 따라 생성되어 대기중으로 배출된 기체 중 많은 물질이 산성반응을 한다. 전체 이산화황 배출의 50 % 이상과 전체 질소산화물 배출량의 30 % 이상은 인간의 여러 활동에 기인한다. 이런 기체가 대류권에서 산화 반응을 하거나 강하물(비, 눈 등)에 의해 흡수되면, 오염되지 않은 순수한 비의 수용액의 $CO_2$-$H_2O$평형에서 나타나는 pH 5.6을 벗어나, pH 4 혹은 심한 경우 pH 2 이하의 산성 강하물이 나타나기도 한다. 강하물의 산성성분은 $H_2SO_4$, $HNO_3$혹은 $SO_2$또는 드물게 HCl이 포함되기도 한다. 지역에 따른 차이가 뚜렷한데, 연평균 강수량이 600 ㎜라고 할 때 평균 pH가 4.2를 나타냈다고 하면 산 강하물은, 황산으로 연간 1.8 g/㎡혹은 질산으로 환산하면 2.3 g/㎡이다. 완충능력이 낮은(탄산수소이온 농도가 낮은) 물이나 토양에 이러한 강하물이 쌓이면 물이나 토양의 산성화가 일어난다.

화석연료 사용 등의 인간활동이나 화산 또는 토양 박테리아의 활동으로 인해 대기로 유입된 일차오염 물질인 NOX나 $SO_2$는 햇빛, 오존, 수증기 등과 반응하여 이차오염물질로 전환된다.

이런 반응의 간단한 예를 보면, 오존 분자가 햇빛(광자, $h\nu$)을 만나 산소분자($O_2$)와 산소 원자(O)로 분해 되고,

$$O_3 + h\nu \rightarrow O_2 + O$$

반응성이 큰 산소원자가 물($H_2O$)과 반응하여 하이드록실 라디칼을 생선한다.

$$H_2O + O \rightarrow 2OH$$

대기중의 일차 오염물질인 $NO_2$가 하이드록실 라디칼과 반응하거나, $SO_2$가 물과 반응하면 각각 질산과 황산이 생성된다.

$$NO_2 + OH \rightarrow HNO_3$$

$$2SO_2 + 2H_2O + O_2 \rightarrow 2H_2SO_4$$

이렇게 생성된 질산은 안개나 구름 속 물방울에 쉽게 녹으며, 황산은 0.1~2 ㎛정도의 작은 물방울에 응축되어 황산염을 형성하는데, 이들은 건식 강하물로 지표면에 가라 앉거나, 대기 중 수분 함유 에어로졸 생성의 씨앗이 된다. 비

나 눈이 오면 대기중의 이 오염물질들은 씻겨 내리고, 오염된 이 비는 '산성비'가 된다.

**〈그림〉** 숲고사

산성비는 토양과 수질계의 산, 염기 성상에 따라 다양한 결과를 낳는다. 한편, 산성비로 인한 피해 중 숲이 고사하는 'Waldsterben(발트슈테르벤: 숲의 고사)현상은 숲 속 토양에 함유된 알루미늄이 산성비의 유입으로 인해 알루미늄 이온으로 용출되어 나옴으로써 식생이나, 수중생물에 해를 입히는 현상이다. 그리고 산성비나 산성 안개는 대리석이나 탄산염 광물로 조성된 기념물이나, 건축물과 산 · 염기 화학반응을 함으로써 역사적 유물의 손상 등 다양한 환경 피해를 일으킨다.

### (3) 온실효과

인류가 사용하는 에너지의 80 % 이상은 탄소 기반의 화석연료를 연소해 얻는다. 이 과정에서 산화 생성물로 이산화탄소가 발생하는데, 이 중 실질적으로는 적은 양만이 식물의 광합성에 이용될 수 있을 뿐이다. 인류의 에너지 사용량이 증가하고 이산화탄소 배출량이 증가하여, 지난 약 150년 간의 추이를 살펴본 결과, 지구 대기 중의 이산화탄소 농도는 지속적으로 증가했고 앞으로도 증가할 것이 확실하다. 현재 매년 약 20,000 Mt 정도의 이산화탄소가 화석연료 사용으로 방출되는데, 거기에 반해 열대우림의 파괴 등으로 생물체가 대기권으로부터 이산화탄소를 흡수하는 양은 매년 2,500-3,000 Mt 정도씩 감소했다.

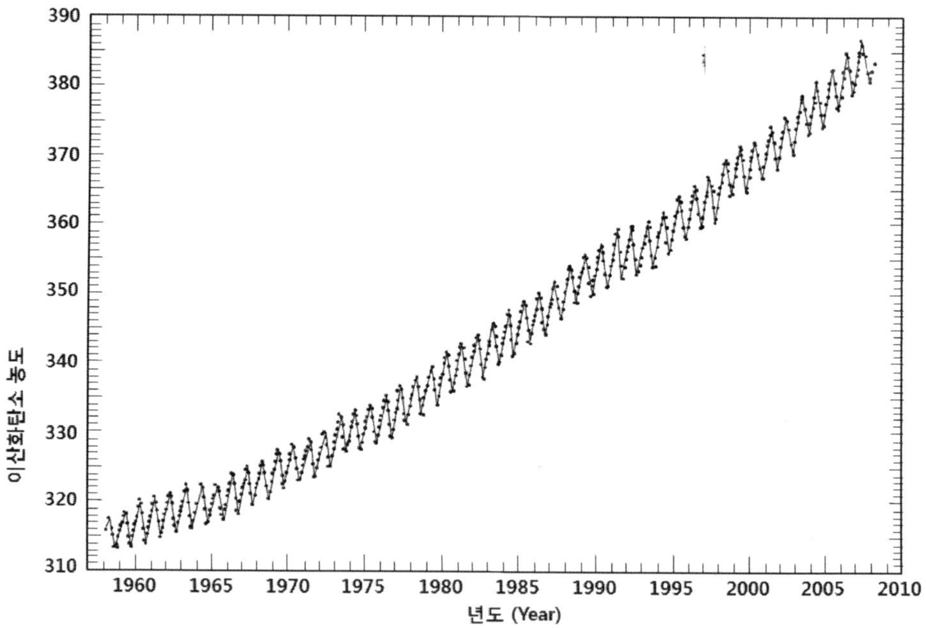


**〈그림〉** 대기중 이산화탄소 농도 변화 – 마우나로아 관측소

산업화가 시작되기 전 대기 중 이산화탄소 평균농도는 270 ppm이었으나, 점차적으로 증가하여 현재는 지역에 따라 400 ppm정도에 가깝다. 이 증가 추세를 막기 위해서는 현재의 에너지 생산기술에 대한 근본적인 변화가 필요하다고 보고 있다. 인류는 에너지 절약이나 대체에너지 등을 통해 연간 이산화탄소 배출량을 감소시키고 있으나, 환경 중에서의 이산화탄소의 반응은 느리기 때문에 대기 중 이산화탄소 농도는 앞으로도 수십년이 경과해야 감소 추세에 이를 수 있을 것이다.

대류권의 $CO_2$ 농도($CH_4$, $N_2O$ 및 CFC와 같은 대기중 미량의 온실기체와 함께)와 관련하여 온실효과에 대한 논의가 매우 활발하고, 온실효과로 인한 지구 미래에 대한 신뢰할 만한 결과를 예측하기 위해 많은 연구가 수행되고 있다.

온실효과는 지표면에서 방사되어 나오는 장파장의 열 복사선을, 대기권에서 농도가 증가하고 있는 이산화탄소를 비롯한 온실 기체가 흡수하여 대류권의 기온이 점점 증가하는 것을 말한다.

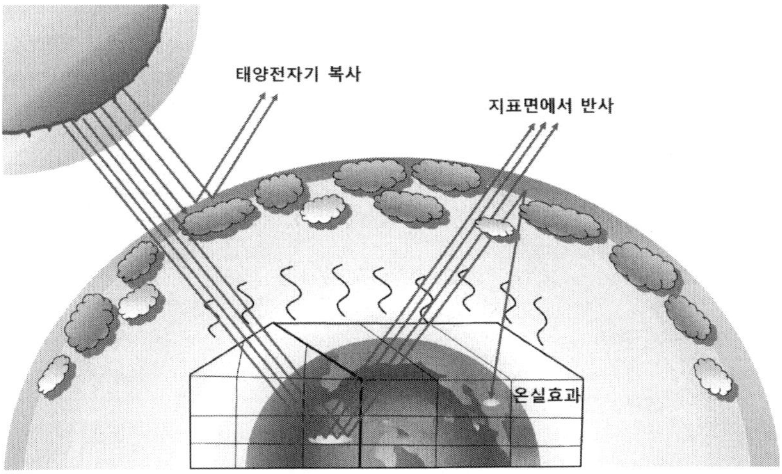


〈그림〉 지구 온실 효과

일부 모델 계산에 의하면 현재의 이산화탄소 농도가 2배로 증가하면, 지표면 대기온도는 2~3 ℃ 증가할 수 있고, 극지방에 따라 6~8 ℃까지 증가할 수도 있다고 한다. 이는 지구의 기후 변화를 유발하고 세계의 물 분포를 급격히 변화시키는 등 지구 환경에 큰 변화를 가져올 것으로 예측된다. 1940년대 이후 해마다 해수면의 높이가 약 3 ㎜씩 상승한 것도 이미 $CO_2$ 증가가 유발한 열 유입으로 극지방 빙하가 녹은 데 기인한 것일 수도 있다. 논란을 잠재울 수 있는 더 나은 과학적 증거와 좀 더 신뢰할 수 있는 예측 결과를 얻기 위해 많은 전문가들이 포함된 국제적 노력이 현재도 진행중이다.

### (3) 대기오염으로 인한 2차 환경오염

대기 오염은 개별 화학종에 의한 직접적인 환경 영향 이외에도 화학종의 화학반응을 거쳐 새로운 오염 물질을 형성하고 그에 따라 2차 환경 문제를 일으킬 수도 있다. 한 예로 일반적 대기 오염 물질인 오존($O_3$)과 이산화질소($NO_2$)로 인하여 대기중에 중금속 물질인, 납($Pb$) 농도가 증가하는 사례를 들 수 있다.

오존과 이산화질소가 건강에 유해하다는 걸 인지한 것은 오래 전 부터 였으며, 그에 따라 1971년 미국환경보호청(EPA)이 두 물질의 1시간 대기질 평균 농도를 0.08 ppm 으로 규제하였다. 오존과 이산화질소는 모두 호흡기 질환을 유발하는 주된 실외 대기 오염 물질이다. 그 외에도 이산화질소는 산성비 형성에 중요한 역할을 하며, 지구 온난화에 기여하기도 하고, 식물 성장을 방해한다. 한편 지표면의 오존은 식물이 광합성을 하여 결실을 맺는 과정을 방해하고, 질병에 대한 내성을 감소시킨다.

이러한 직접적인 영향 외에도 다른 여러 예기치 못한 일들이 일어날 수도 있는데, 오존과 이산화질소가 다른 물질과 반응하여 2차적인 환경오염을 일으키는 한 예로 대기 중의 납 농도 증가를 들 수 있다. 자동차 배기 가스로 인한 이산화질소와 오존이 집이나 기타 건축물에 도장된, 납을 함유한 도료와 반응하는 경우 그 납은 대기중에 분진으로 떨어져 나올 수 있다. 이는 도료를 구성하는 불포화 고분자 접착제가 역시 불포화 화합물인 이산화질소, 오존과 반응하는 것으로, 그 결과 생성된 납 함유 분진이 집안에 혹은 오존과 이산화질소 농도가 자주 높게 나타나는 도심지 환경에서 관측될 수 있다. 이런 연구 결과들이 주거 및 도심 환경에서 납 함유 도료 사용을 배제해야 되는 근거를 제시하며, 근본적으로는 오존, 이산화질소와 같은 대기오염물질에 대한 관리와 규제가 있어야 함을 보여준다.

이러한 연구 결과가 있음에도 개발도상국가에서는 여전히 납을 함유한 도료를 생산하고, 그러한 국가에서는 이산화질소와 오존 발생 정도가 규제를 시행하고 있는 국가에서 보다 심할 것이므로, 납을 함유한 도료를 실내에 사용할 경우 어린이를 비롯한 노약자가 납 중독에 노출되는 위험은 크게 증가할 것이다. [출처:Edwards, R.D., N.L. Lam, L. Zhang, M.A. Johnson& M.T. Klei nm an; nitrogen dioxide and ozone as factors in availability of lead from lead-based paints; Environ. Sci. & Technol., 43, 8516-21. (2009)]

## 3.3.5 기후 변화와 이산화탄소 배출(climate change and carbondioxide emission)

### (1) 지구 온난화

'지구온난화는 인간 활동에 따라 배출되는 온실가스에 의한 것일 확률이 90 % 이상이다.' 라고 IPCC(Intergovernmental Panel on Climate Change, 기후 변화에 관한 정부 간 협의체)의 연구 전문가들이 4차 보고서(2007년)에 기술하였다. 또 하나의 자연적인 원인으로 태양의 활동이 더 왕성해지는 것이 있지만 그에 따른 온난화 기여는 적은 것으로 판단하고 있다.

지속되는 지구온난화는 무엇보다 화석연료의 연소에 따른 것으로, 인간의 활동이 그 원인이라는 것이 새삼스러운 것은 아니다. 이미 19세기 말 스웨덴 화학자 S.A. Arrhenius는 이산화탄소가 지구 기후에 의미 있는 물질임을 밝혔으며, 미국의 기상학자 C.D. Keeling이 처음으로 대기 중 $CO_2$농도를 정기적으로 측정하기 시작한 것은 1957년이었다. Keeling이 여러 곳에서 측정한 대기 중 $CO_2$농도가 지속적으로 증가한다는 사실은 기후변화 연구에 큰 반향을 일으켰고, 1988년 이후 UN이 설립한 IPCC에 여러 나라의 많은 전문가들이 참여하여 연구하고 있다.

이들의 연구와 논의의 결과는 지구온난화의 주된 원인은 인간에 의한 온실가스 배출이다. 지구온난화가 태양활동이 증가하는데 따른 자연적인 현상 때문이라는 비평가들의 제안이 항상 있어왔는데, IPCC는 여러 연구결과 현재 태양의 변화는 매우 적어서 관측된 지구온난화를 설명하지 못하고 태양의 변화에 기인한 기후 영향은 인간 활동에 따른 온실효과의 1/10정도에 불과하다고 보고하였다.

특히 가장 중요한 온실가스는 이산화탄소, $CO_2$,로 대류권 기체의 약 0.04 %를 차지하며, 그 외의 온실가스로는 메테인($CH_4$), 일산화이질소($N_2O$, 아산화질소), 육플루오르화황($SF_6$) 및 염화플루오르화 탄소(CFC, chlorofluoro carbon) 등을 들 수 있다. 인간 활동에 따라 배출되는 이산화탄소는 기후변화 원인의 2/3정도를 차지한다. 2016년 전 세계에서 인간활동을 통해 대기 중으로 배출된 $CO_2$양은 30기가 톤(1Giga ton=$1X10^9$ ton) 이상이며, 이 중 일정량만 자연적인 순환과정에서 바다나 숲에 저장되는 형태로 재흡수된다.

한편 전 세계적인 벌목으로 지구온난화는 심화되고 있다. 숲은 지구상에 존재하는 총 탄소의 약 70 %정도까지 저장하고 있다. 습지와 특히 남미와 인도네시아 등지에서 열대림이 사라짐으로써 막대한 양의 이산화탄소가 대기 중으로 배출된다. 삼림 벌채에 따른 영향이 전 세계 온실가스 배출의 약 20 %를 차지한다. 또한 산업화된 농업이 지구온난화에 끼치는 영향도 크다. 기계화와 농약, 인공비료를 사용하는 것은 에너지 소모량이 크고, 화학 질소비료는 기후변화에 영향을 더하는 일산화이질소의 발생원이며, 집약적인 축산은 온실가스인 메테인의 대량 배출원이 된다.

1957년 하와이 Mauna Loa 관측소에서 정기적으로 $CO_2$측정을 시작한 이후 전 세계 온실가스 연구자들의 측정망을 통해 확인된 대기 중 $CO_2$농도가 2016년 약 300 ppm에 이르렀다. 단지 50 %의 확률로 '2°C온도 한계(2 degrees celcius; 지구온난화에 대응하여, 지구의 평균 기온 상승 정도가 산업 혁명 이전에 비해 2°C 이내에 머물도록 각 나라가 탄소 감축 등 해결책을 모색하자고 2015년 파리

기후회의에서 논의된 주제.)'를 달성하기 위해서도 대기 중 온실가스 농도가 450 ppm을 넘어서는 안된다는 기후 과학자들의 생각과는 달리 현재의 온실가스농도 증가 추세는 그 반대로 향하고 있다는 우려가 멈추지 않고 있다.

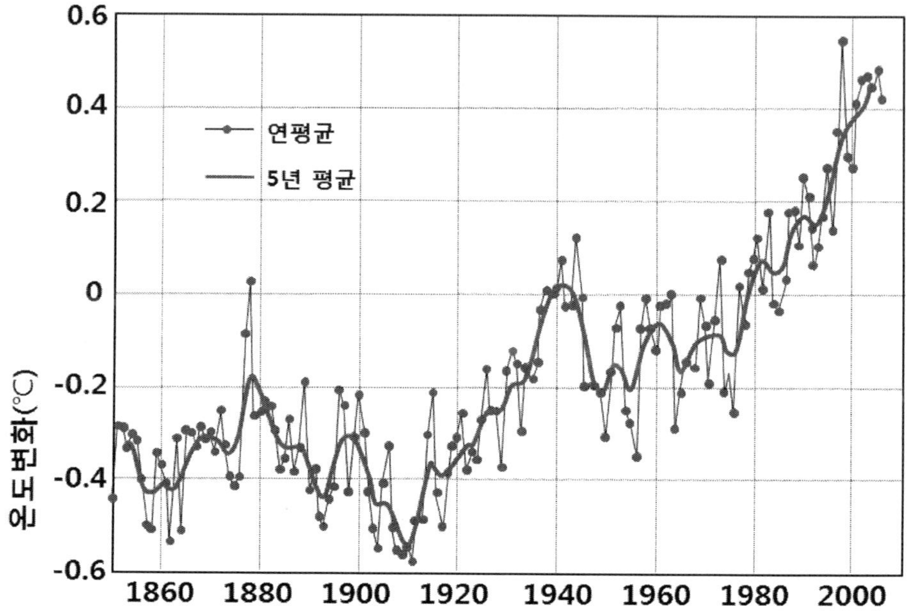


**〈그림〉** 산업 혁명 전후를 기준으로 한 해수면 평균 기온

(*출처: Wikipedia)

다음에 인용한 최근 신문 기사는 지구 온난화에 대한 우려를 보여주고 있다.

**대기중 이산화탄소 농도 역대 최고치 … 지구 온난화 가속화**

… 대기 중 이산화탄소 농도가 인류 역사상 최고점을 기록했다. 지구 온난화 현상이 가속화되고 있는 것 아니냐는 우려가 커지고 있다.
CNN 등 주요 외신은 미국 하와이 마우나로아 관측소가 11일(현지 시간) 측정한 대기 중 이산화탄소 농도가 415.26 ppm(1 ppm은 100만분의 1)으로 1958년 관측 이래 역대 최고치를 기록했다고 14일 보도했다. …
이산화탄소 측정 책임자인 랠프 킬링 미국 스크립스 해양연구소 교수는 "화석 연료의 지속적인 사용과 엘니뇨 현상으로 이산화탄소 농도가 증가한 것 같다"고 분석했다.

〈출처: 2019년 5월17일 동아일보〉

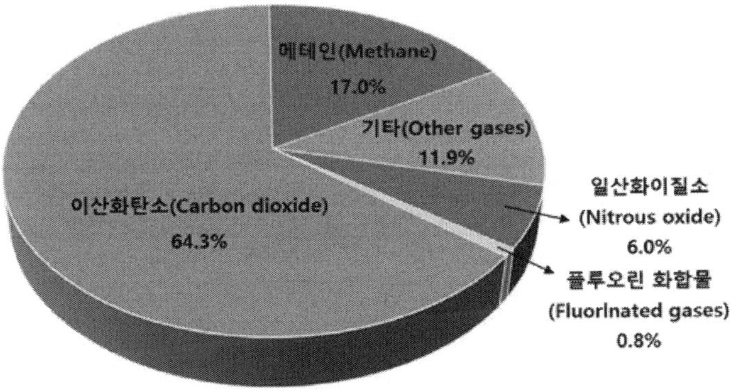


**〈그림〉** 여러 온실 가스가 지구 온난화에 영향을 끼치는 비율

자료출처: Intergovernmental Panel on Climate Change, Fifth Assessment Report (2014).

### (2) 나라별 이산화탄소 배출량

이산화탄소 배출은 자연적으로 발생하는 것 외에 무엇보다 석탄, 석유, 천연가스 등 화석 연료의 사용에 따른 인위적 요인이 크다. 가장 많은 이산화탄소를 배출하는 나라는 중국, 미국 그리고 EU 국가이지만 중국의 1인당 배출량은 선진국에 훨씬 못 미친다.

2016년 전 세계 $CO_2$배출량은 334억 톤 정도로 추산되는데, 국가별 $CO_2$배출 총량을 보면 중국이 월등히 많다. 중국의 연간 배출량은 약 104억 톤으로 전 세계 $CO_2$ 배출량의 31.21 %를 차지하며, $CO_2$ 배출량 상위 5개국(중국, 미국, 인도, 러시아, 일본)의 총 배출량은 전 세계 배출량의 62.46 %를 차지한다. 우리나라의 2016 연간 $CO_2$ 배출 총량은 약 6억 톤으로 전 세계에서 9번 째로 많은 양이었다.

한편 국가별 인구 1인당 $CO_2$ 배출량은 국가 총배출량과는 차이가 있다. $CO_2$ 국가 총 배출량이 월등히 많은 중국의 경우 1인당 $CO_2$ 배출량은 7.45톤으로 전 세계 순위 36번 째이며, 국가 총 배출량이 그 다음인 미국의 1인당 $CO_2$ 배출량은 15.56톤이다. 우리나라의 1인당 $CO_2$ 배출량은 11.89톤으로 전 세계에서 17번 째로 많다. 인구 1인당 $CO_2$ 배출량이 많은 10개 국가와 그 배출량을 표에 나타내었다. 한편 북한의 연간 국가 $CO_2$ 배출 총량은 0.59억 톤으로, 보고된 181개국 중 49번 째이며, 인구 1인당 $CO_2$ 배출량은 2.31톤으로 94번 째이다.

〈표〉 국가별 이산화탄소 배출총량 및 1인당 배출량

| 순위 | 국가명 | 연간 총 배출량 (억 톤, X10$^8$ ton) | 1인당 배출량 (톤; metric ton) |
|---|---|---|---|
| 1 | 중국 | 104.33 | 7.45(36) |
| 2 | 미국 | 50.12 | 15.56(14) |
| 3 | 인도 | 25.33 | 1.92(105) |
| 4 | 러시아 | 16.62 | 11.54(20) |
| 5 | 일본 | 12.40 | 9.68(22) |
| 6 | 독일 | 7.76 | 9.47(25) |
| 7 | 캐나다 | 6.76 | 18.62(6) |
| 8 | 이란 | 6.43 | 8.00(34) |
| 9 | 대한민국 | 6.04 | 11.89(17) |
| 10 | 인도네시아 | 5.30 | 2.03(103) |
| 11 | 사우디아라비아 | 5.17 | 16.01(13) |
| 12 | 브라질 | 4.63 | 2.23(96) |
| 13 | 멕시코 | 4.41 | 3.45(78) |
| 14 | 호주 | 4.15 | 17.22(9) |
| 15 | 남아프리카 | 3.91 | 6.97(41) |
| 16 | 터키 | 3.68 | 4.63(60) |
| 17 | 영국 | 3.67 | 5.59(49) |
| 18 | 폴란드 | 2.97 | 7.77(35) |
| 19 | 타이완 | 2.77 | 11.73(19) |
| 20 | 태국 | 2.71 | 3.93(71) |
| 49 | 북한 | 0.59 | 2.31(94) |

(자료 정리 및 인용 : https:/knoema)

〈그림〉 1인당 $CO_2$ 배출량 상위 10개국

| 순위 | 국가명 | 1인당 배출량 (톤, ton) | 순위 | 국가명 | 1인당 배출량 (톤, ton) |
|---|---|---|---|---|---|
| 1 | 카타르 | 38.52 | 6 | 캐나다 | 18.62 |
| 2 | 트리니다드토바고 | 25.72 | 7 | 브루나이 | 18.14 |
| 3 | 쿠웨이트 | 25.06 | 8 | 룩셈부르크 | 17.61 |
| 4 | 아랍에미레이트 | 23.60 | 9 | 호주 | 17.22 |
| 5 | 오만 | 19.87 | 10 | 바레인 | 17.10 |

## 3.3.6 대기질 정보

지상의 공기가 현재 어느 정도 오염되었는지를 나타내고, 그 오염 정도에 대한 정보를 알리기 위한 대기질(air quality) 지수가 미국 EPA를 비롯하여 세계 여러 나라에서 개발되었다.

우리나라에서도 국민이 대기오염 정도를 알 수 있고 대기오염으로 인한 피해를 예방하는 행동지침을 제시하기 위해 통합 대기 환경 지수(CAI, comprehensive air-quality index)를 개발하여 앱 형태 등을 통하여 일반 국민이 쉽게 접할 수 있도록 대기질 정보를 실시간 공개하고 있다.

이 지수들은 대기오염도에 따른 인체 영향 및 체감오염도를 고려하여 개발된 대기오염도 표현 방식으로, 통합대기환경지수는 0에서 500까지의 계산 값을 네 단계로 나누어 지수 값이 커질수록 대기 상태가 좋지 않음을 나타낸다.

미국 환경청(EPA, Enviro nmental Protection Agency)에서 대기질을 판별하고 알리는데 사용하기 위해 개발한 지수는 AQI(Air quality Index, 대기질 지수)이며, AQI 값은 0에서 500까지 50 이하의 좋은 대기질부터 301 이상의 유해한 대기질까지 여섯 단계로 나뉘어져 있다.

다음에 우리나라와 미국의 대기질 표기 방법을 표로 나타내었다.

〈표〉 우리나라의 대기질 표기 방법

| CAI 값 | 지수 구분 | 상징색 | 의미 |
|---|---|---|---|
| 0-50 | 좋음 | 파랑 | 대기오염 관련 질환자 군에서도 영향이 유발되지 않을 수준 |
| 51-100 | 보통 | 초록 | 환자군에게 만성 노출 시 경미한 영향이 유발될 수 있는 수준 |
| 101-250 | 나쁨 | 노랑 | 환자군 및 민감군(어린이, 노약자 등)에게 유해한 영향 유발, 일반인도 건강 상 불쾌감을 경험할 수 있는 수준 |
| 251 이상 | 매우 나쁨 | 빨강 | 환자군 및 민감군에게 급성 노출 시 심각한 영향 유발, 일반인도 약한 영향이 유발될 수 있는 수준 |

〈표〉 미국의 대기질 표기 방법

| AQI 값 | 건강 관련 수준 | 상징색 |
|---|---|---|
| 0-50 | 좋음(good) | Green |
| 51-100 | 보통(moderate) | Yellow |
| 101-150 | 민감군 건강에 영향<br>(unhealthy for sensitive groups) | Orange |
| 151-200 | (일반군) 건강에 영향(unhealthy) | Red |
| 201-300 | 건강에 심각한 영향(very unhealthy) | Purple |
| 301-500 | 유독함(hazardous) | maroon |

우리나라의 CQI와 미국의 AQI값을 산정하기 위하여 측정하는 대기오염물질은 오존, 미세먼지, 초미세먼지, 일산화탄소, 이산화질소 및 아황산가스 등 6가지인데, 이 측정 항목을 아래 표에 대비하여 나타내었다.

〈표〉 한국과 미국의 지수 산출 대상 오염물질

| | 오존 ($O_3$) | 오존 ($O_3$) | 초미세먼지 (PM2.5) | 미세먼지 (PM10) | 일산화탄소 (CO) | 이산화질소 ($NO_2$) | 아황산가스 ($SO_2$) |
|---|---|---|---|---|---|---|---|
| 한국 | 1시간 평균 | - | 24시간 평균 | 24시간 평균 | 1시간 평균 | 1시간 평균 | 1시간 평균 |
| 미국 | 1시간 평균 | 8시간 평균 | 24시간 평균 | 24시간 평균 | 8시간 평균 | 1시간 평균 | 24시간 평균 |

# 4
# 수질권

# 4.1 지구의 물 순환

수질권(또는 수권)은 질량으로는 지구의 약 0.03 %에 불과하지만 면적으로는 지구의 약 71 %가 물로 덮여있다. 물이 분포된 영역은 표에서 보듯이 매우 특별하다. 지구 물의 약 97 %는 바다에 있다. 그리고 다음으로 양이 많고 중요성이 더해지는 담수 저장고는 극지방의 빙산과 빙하이다. 한편 주로 사람이 마시고 사용할 수 있는, 인간에게 가장 중요한 물 저장고는 지표수와 지하수이며, 현재 연간 물 소비량은 3000 $km^3$이상이다. 우리가 이용하는 자연적인 수자원에 관해 두 가지 사실을 얘기해 볼 수 있다. 먼저 좋은 질의 물(염분이 적은 물)이 많이 저장된 곳은 인구 형성 지역에서 떨어져 있고, 직접 이용할 수 있는 전체 물의 1 % 미만이 수자원으로 공급되어 사용될 수 있다. 하지만 다행히도 이 적은 양의 이용 가능한 물은 물 순환을 통해 지속적으로 새롭게 공급되는데 이는 지표면의 열 균형과 연계되어 있다.

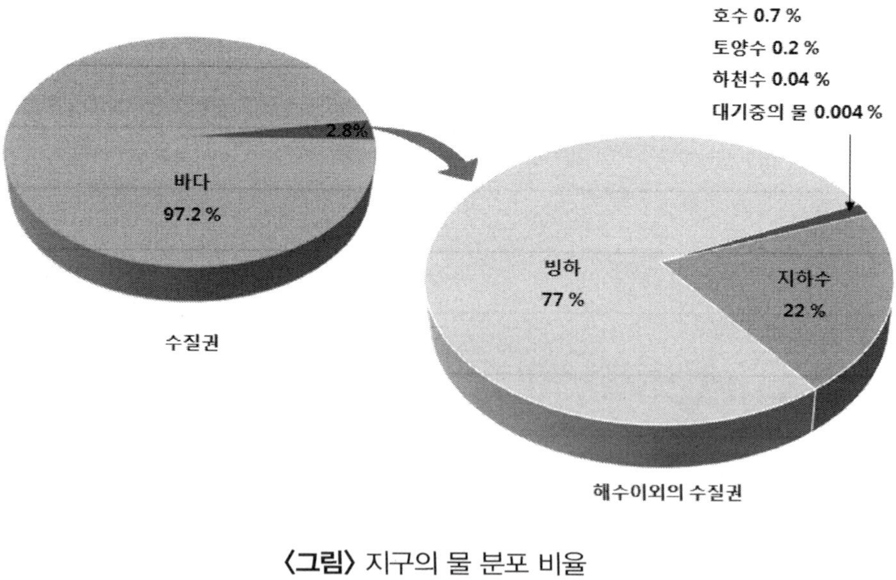


〈그림〉 지구의 물 분포 비율

〈표〉 지구의 물 저장량 분포

| 저장영역 | 저장량 (×$10^{15}m^3$) | 평균체류기간 (년) |
|---|---|---|
| 바다 | 1,340 | — |
| 수표층 | 57 | 80 |
| 심해층 | 1,283 | 1,600 |
| 극지방/빙산, 빙하 | 28 | 5000 |
| 지하수 | 8 | 600 |
| 호소와 강 | 0.2 | 7 |
| 대기권 | 0.0015 | 0.0036 |
| 합계 | 1,376 | — |

지구의 물 순환은 태양에너지로 작동되는 거대한 증류수 제조 장치로 생각해 볼 수도 있는데 그 증류기의 연간 생산 능력은 약 42만 3천 $km^3$에 달하며, 이만큼의 물을 증류하는데 필요한 에너지 양은 연간 약 $10^{21}$ $KJ/a$에 해당한다. 물순환〈그림〉에서 보듯이, 대기를 통하여 바다에서 육지로 이동하는 물질 수증기의 양은 년간 3만 7천 $km^3$인데, 같은 양의 물질(수증기가 아닌 물)이 육지의 강을 통해 바다로 이동함으로써 상쇄 순환을 이루고 있다. 바닷속에서는 생물 활동의 중심이 되는 바닷물의 약 1/20정도가 심해층과 해수면 사이에서 물 순환을 강하게 일으킨다. 즉, 바다로 유입되는 담수의 조성이 달라지면 유역 해수면의 조성이 그에 따라 변하지만 이어서 심해층과 섞이면서, 면적이 넓고 부피가 큰 바닷물의 조성은 상당히 균일하게 유지된다.

자연수에 함유된 물질의 종류와 농도는 화학반응에 의해 결정된다. 최초 바닷물은 지구 화학적인 시간과 공간 속에서 지각의 온도 강하와 기체 방출에 따라 생겨났으며 염기성 암염에 화산기체가 작용한 것이 주된 반응이다. 담수(강, 호수, 지하수 등)의 화학적 조성 역시 산-염기 반응(비 등 강우가 포함된), 용해 및 산화 환원 등의 화학 반응에 따라 결정된다. 이 외에도 담수 조성에는 농도는 작아도 지역에 따라 편차가 크게 나타나는 다양한 용존 물질과 부유성 물질이 작용하는 데 여기엔 생물학적 기원을 갖는 물질들도 관여한다. 토양수의 경우는 대개 유기물 함량이 적은데 이는 물이 토양이나 암석을 지나며 여과된데 따른 결과이다. 담수의 염 함량은 다음 단락에서 보는 것처럼, 농도 편차가 크다.

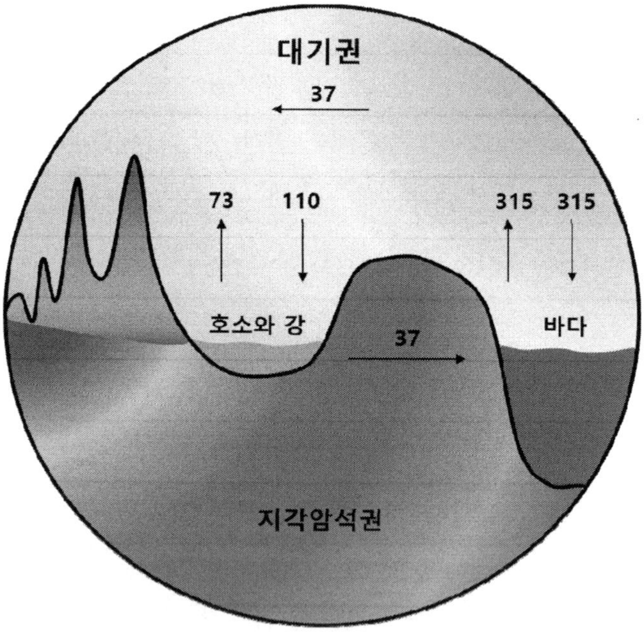


**[그림]** 지구의 물순환(물질이동량 단위: $\times 10^3$ ㎦/a )

## 4.1.1 수질권과 지각 암석권 및 대기권의 상호 작용

### (1) 권역 물질 간의 평형

수질권은 열린계(open system)로써, 지각 암석권 및 대기권과 물질교환 뿐 아니라 에너지 교환을 한다. 따라서 비나 눈 등의 산성 성분은 염기성의 탄산염을 함유한 암반과 반응하여 용존성 탄산수소염(경도 물질)을 생성한다; 즉,

$$CaCO_{3(s)} + CO_{2(g)} + H_2O_{(l)} \rightleftarrows CO_{3(aq)}{}^{2-} + 2HCO_{3(aq)}{}^{-}$$

$Ca^+$ 및 $HCO_3{}^-$ 이온 등을 함유하고 대기 중의 이산화탄소와 평형에 놓인 담수 저장소는 계속되는 물의 증발이나 증산($CO_2$의 휘발)으로 더욱 염기성이 증가한다. $CaCo_3(K_{sp} = 10^{-8},\ 25\ ℃)$의 용해도가 포화상태에 이르면 침전이 일어나고 계는 산-염기 완충제로 작용한다. 금속 이온의 종류에 따라 침전물의 상태는 달라지는데 예를 들어 $Ca^+$와 달리 $Na^+$이온 등 알카리금속 이온들은 용존 상태에 머무르면서 $Na_2CO_3$용액 등을 생성한다.

여러가지 자연수의 조성과 거동은 pH값과 완충 능력, 산소 함량과 산화 환원 전위 그리고 생물학적 과정에 따른 유기물질의 생성과 분해 등에 의해 결정된다. 바닷물의 pH값 범위는 7.5~8.3 정도인데, 이는 어느 정도 양성자 발생원인 대기 중의 이산화탄소의 용존 또는 고체 상의 탄산염인 $CaCO_3$, $MgCO_3$ 성분의 암반과의 반응을 통해 결정된다. 그 모델 시스템으로서의 $H_2O - CO_2 - CaO$은 주어진 온도, 기체 중 일정한 $CO_2$ 분압 그리고 기체, 액체, 고체 상이 공존 하는 상태의 Gibbs의 상규칙(Gibb's phase rule)에 따라 기술 할 수 있다.

용해도 곱 상수 식과 전하균형식으로부터

$$K_{sp} = m_{Ca^{2+}} \cdot m_{CO_3{}^{2-}} \cdot r_{Ca^{2+}} \cdot r_{CO_3{}^{2-}}$$

$$\sum_i Z_i m_i = 0 = m_{H^+} + 2m_{Ca^{2+}} - m_{OH-} - m_{HCO_3-} - 2m_{CO_3{}^{2-}}$$

여기에 25 ℃에서의 $CO_2$의 해리평형상수와 분압 $P_{co_2} = 10^{-4.45}\,\mathrm{MPa}$를 적용하여 각 화학종의 농도와 pH를 구하면 다음과 같다.

$$m_{CO_2{}^*} = 1.21 \times 10^{-5}\ mol/kg$$

$$m_{HCO_3{}^-} = 1.29 \times 10^{-3}\ mol/kg$$

$$m_{CO_3{}^-} = 1.52 \times 10^{-5}\ mol/kg$$

$$m_{Ca}{}^{2+} = 6.59 \times 10^{-4}\ mol/kg$$

$$pH = 8.40$$

$HCO_3{}^-$ 이온의 분율이 높은 것은($\alpha_1$=0.98) 용액의 pH (8.4)에서 물속 $CO_2$ 수용액($H_2CO_3$)의 첫 번째 중화 단계 당량점에서 생성되는 물질이기 때문이다.

### (2) 유기 물질의 생성

수질권의 산소 균형은 기체 상에서 전달되는 산소와 생물계의 광합성(photosynthesis) 그리고 호흡(respiration)작용을 통해 조절된다. 광합성은 에너지 저장 과정인데, 이산화탄소와 물에 식물 색소인 엽록소(chlorophyll)와의 작용으로 빛 에너지가 가해지면 생물계의 근본 유기 물질인 포도당과 산소가 생성되는 반응이다. 그 역반응은 호기성 호흡으로 에너지가 큰 물질 교환 중간체 ATP(adenosine tri-phosphoric acid)생성에 이르게 되는데 이 ATP는 생명의 연료 라고도 부른다. 이 두과정은 다음 반응식으로 나타낼 수 있다.

$$6CO_2 + 6H_2O \underset{\text{호흡}}{\overset{\text{광합성}}{\rightleftharpoons}} C_6H_{12}O_6 + 6O_2$$

이 광합성-호흡 과정은 생물계의 가장 중요한 반응인데, 생물의 중요 구성 원소인 질소와 인이 포함된 식으로 좀 더 상세히 기술한다면, 조류 원형질체(algae protoplazma)의 원소 조성을 고려하여 다음과 같이 쓸 수 있다.

$$106CO_2 + 16NO_3^{-} + HPO_4^{2-} + 18H^{+} + 122H_2O$$

$$h\nu,\ \text{엽록소} \downarrow \quad \uparrow \text{호흡사슬 ADP}$$

$$C_{106}H_{263}O_{110}N_{16}P + 138O_2$$

이러한 전환은 양의 차이는 있지만 모든 수질계에서 일어날 수 있다.

### (3) 수질계 반응의 다양성

물의 산화환원 거동은 보통 용존되어 있는 산소분자의 농도에 의해 결정된다. 산소 부족이 심한 수질계에서는 큰 생물학적 생산성과 환원 상태의 함유물질이나 물질이동의 방해 등으로 인해 Mn, Mo, Fe 화합물의 환원이 일어나는 조건이 생겨난다. 이는 해당염의 용해도가 증가되는 현상을 일으켜 퇴적물속에 결합 형태로 존재하던 금속(또한 인산염)이 용출되어 수질권에서 이동성을 갖게 한다.

수질계와 지각 암석권의 상호작용에 관해서는 경계면에서의 흡착 평형이 중요한 의미를 가지며 이는 점토광물이나 산소염 또는 규산염 입자 혹은 부유성 생물입자들 사이에서 일어난다. 표면에 -OH기를 갖는 토양이나 암석 표면의 활성중심에서는 수용액 상에 존재하는 양성자 활동도에 따라 양성자화 혹은 탈 양성자화 반응이 일어날 수 있으며, 금속 양이온이나 음이온도 표면과의 반응을 통하여 특정한 결합을 형성할 수 있다.

## 4.1.2 해수와 담수의 조성

바닷물은 지질학적인 관점에서 단기적 영향을 크게 받지 않기 때문에 염의 조성이 거의 일정하다고 볼 수 있다. 자연 중에 존재하는 모든 원소들은 바다 속에도 들어있으며, 바닷물 평균 염도는 3.5 %이다. 아래 표에 바닷속 원소들의 평균 농도와 주요한 존재 형태(화학종)를 표기하고 중요한 몇몇 이온들의 평균 체류기간을 표시했다. 농도를 보면 $Na^+$ 이온과 $Cl^-$ 이온이 가장 많으며, 이어서 $Mg^{2+}$, $Ca^{2+}$, $K^+$, 그리고 $SO_4{}^{2-}$ 이온이 바닷물의 주요 성분 임을 알 수 있다.

호소나 강의 용존 물질 중 많은 양이 하천을 통해 바닷물 조성을 이루지만 조성원소의 비를 보면 해수를 단순히 농축된 하천수로 여길 수는 없다. 그 차이는 무엇보다 $Na^+/K^+$ 비를 보면 알 수 있는데, 담수의 $Na^+/K^+$ 값은 3-10인데 비하여 해수는 45.9이고, 이는 해수 중의 $K^+$는 암반에 선택적으로 결합되는데 따른 결과이다.

해수의 어는점은 -2.12 ℃ 정도인데, 이는 바닷물과 동일한 온도와 농도($\rho$ =0.907)의 NaCl 용액에 대한 삼투계수를 가정할 때의 값이다.

해수의 삼투압, π는 물의 부분 몰 부피 과 활동도 일 때 다음 식

$$\pi = -\frac{RT}{V_1} ln\alpha \approx RT\sum V_i C_i$$

이에 따르면 삼투압 π = 2.95 MPa(25 ℃ )이다. 이로부터 해수 담수화(해수를 삼투압 π=0인 순수한 상태로 전환)를 위한 이론적인 에너지 양을 계산하면 25 ℃에서 2.8 KJ/kg이다. 오늘날 해수에서 염분을 제거하여 담수를 얻는 방법은 에너지 소비를 최적화하는 다단계 증류법 뿐 아니라 역삼투압 방법의 실용화를 통해 대규모 담수화를 상용화하고 있다.

**〈표〉** 바닷물의 조성(주요성분)

| 원소 | 농도($g/m^3$) | 주된 화학종 | 체류기간(a) |
|---|---|---|---|
| Cl | 18,980 | $Cl^-$ | $1 \times 10^8$ |
| Na | 10,540 | $Na^+$ | $7 \times 10^7$ |
| S | 2,460 | $SO_4^{2+}$, $[MgSO_4]$, $NaSO_4^-$ | - |
| Mg | 1,270 | $Mg^{2+}$, $[MgSO_4]$ | $1 \times 10^7$ |
| Ca | 400 | $Ca^{2+}$, $[CaSO_4]$ | $1 \times 10^7$ |
| K | 380 | $K^+$ | $7 \times 10^6$ |
| Br | 65 | $Br^-$ | $1 \times 10^8$ |
| C | 28 | $HCO_3^-$, $CO_2$, $CO_3^{2-}$ | |
| B | 20 | $B(OH)_3$, $B(OH)_4^-$ | $1 \times 10^7$ |
| Sr | 8 | $Sr^{2+}$ | |
| Si | 3 | $Si(OH)_4$, $Si(OH)_3O^-$ | $2 \times 10^4$ |
| F | 1.3 | $F^-$, $MgF^+$ | $5 \times 10^5$ |
| N | 0.6 | $NO_3^-$, $NO_2^-$, $NH_4^+$, $N_2$ | |
| Ar | 0.6 | Ar | |
| Li | 0.17 | $Li^+$ | $2 \times 10^6$ |
| Rb | 0.12 | $Rb^+$ | $4 \times 10^6$ |
| P | 0.07 | $HPO_4^{2-}$, $H_2PO_4^-$, $MgPO_4^-$ | $2 \times 10^5$ |
| I | 0.06 | $I^-$, $IO_3^-$ | $4 \times 10^5$ |
| Ba | 0.03 | $Ba^{2+}$ | |
| Fe | 0.01 | $Fe(OH)_2^+$, $Fe(OH_4)^-$ | $2 \times 10^2$ |

〈표〉 담수 조성의 주요 이온과 평균 농도

| 이온 | 농도 범위( mol/L) |
|---|---|
| $H^+$ | $10^{-6} - 10^{-8}$ |
| $Na^+$ | $10^{-3} - 10^{-4}$ |
| $K^+$ | $10^{-4} - 10^{-5}$ |
| $Mg^2$ | $10^{-3} - 10^{-5}$ |
| $Ca^{2+}$ | $10^{-2.8} - 10^{-4}$ |
| $HCO_3$ | $10^{-2.2} - 10^{-3.5}$ |
| $Cl^-$ | $10^{-3.5} - 10^{5.5}$ |
| $SO_4^{2-}$ | $10^{-3.5} - 10^{-4.6}$ |

# 수질계 함유 물질들 4.2

물속에 함유된 물질을 분류하는 것은 관점에 따라서 여러가지로 나눌 수 있다.

첫째, 일반적으로 물질의 화학적 특성에 따라 크게 유기물질 및 무기 물질로 나눌 수 있다. 유기 물질은 탄소 결합을 갖고있는 물질로 정의할 수 있으며, 무기 물질은 단순한 탄소 결합을 갖는 일산화탄소, 이산화탄소, 황화탄소 및 그 유도체(탄산염 등)와 탄소 이외 원소의 모든 화합물을 포함한다.

둘째, 물질이 물속에 존재하는 상태에 따라 현탁(suspended) 물질 콜로이드(colloidal) 물질 및 용존(dissolved) 물질로 나눌 수 있다. 이는 들어있는 물질의 물속에서의 분산 정도에 따른 것으로 각 용액 시스템은 그 속에 들어있는 물질의 입자 크기에 따라 일반적으로 다음과 같이 나누며 각 분류 물질을 수계에서 분리 제거하는 대표 방법을 다음 표에 나타내었다.

〈표〉 용질의 분산상태에 따른 용액의 분류

| 수용액시스템 분류 | 입자 직경(d, 단위: nm) | 제거 방법 |
|---|---|---|
| 현탁 용액 물질 | d 〉1000 | 간단한 여과 |
| 콜로이드 용액 물질 | 1000 〉 d 〉1 | 응집 |
| (진)용액<br>(분자성 분산) 물질 | d 〈 1 | 이온교환, 침전법,<br>멤브레인 공정(역삼투 등) |

또한, 물속에 함유된 물질들이 유래된 출처에 따라서 나눌 수도 있는데, 크게는 자연적인(natural) 물질과 인위적인(anthropogenic) 물질로 분류할 수 있다. 자연적인 물질은 물이 접촉하는 자연 환경 구성 성분과 상호작용하면서 생

기거나(고체나 기체의 용해 등) 지표수 혹은 지하수 속에서 생물학적 과정에 따라 생기는 물질이다. 그에 반하여 인위적인 물질은 수질계에 영향을 끼치는 인간활동의 영향에 따른 물질을 뜻한다. 그러나 다른 분류에서처럼 이 분류도 절대적이진 않은데, 예를 들어 어떤 물질의 경우 자연적인 출처 외에 인위적인 배출원에서 생겨나기도 한다.

물속에 함유된 물질들의 농도에 따라서 농도가 높은 주요 물질과 미량 물질로 분류할 수도 있다. 자연수의 경우 주요 함유 물질은 소듐, 포타슘, 칼슘, 마그네슘 같은 원소의 양이온($Na^+$, $K^+$, $Ca^{2+}$, $Mg^{2+}$)과 음이온으로 염소이온, 탄산수소이온, 황산이온, 질산이온($Cl^-$, $HCO_3^-$, $SO_4^{2-}$, $NO_3^-$)을 들 수 있으며 산소, 질소, 이산화탄소($O_2$, $N_2$, $CO_2$) 등의 기체를 들 수 있다. 이 물질들의 농도는 일반적으로 10 ppm 이상이다.

그 보다 낮은 농도 물질로 철, 망간 등의 금속 양이온($Fe^{2+}$, $Mn^{2+}$)과 플루오린, 아질산 및 인산 등의 음이온 그리고 황화수소, 메테인 및 암모니아($H_2S$, $CH_4$, $NH_3$) 기체 등의 농도는 0.1-10 ppm 정도이다. 현탁 및 콜로이드성 물질도 이 정도의 농도 범위에 속하는데, 자연 유기물질(NOM : Natural Organic Matter) 및 유지 성분의 유기물질과 철 수산화물, 망간 산화물, 규산 등이 이에 속하는 물질들이다.

물속 농도가 0.1 ppm 이하로 낮은 물질은 미량 혹은 극미량 물질로 분류할 수도 있는데 많은 종류의 중금속과 인위적인 유기화합물이 여기에 속하고, 살충제 제초제 등의 농약과 다양한 유기 할로젠 화합물 그리고 여러 형태의 방향족 화합물들이 물속에 함유되어 있다.

여기서 언급한 분류 농도 기준은 임의적인 값이고 함유 물질의 농도는 물의 출처와 존재 장소에 따라 크게 달라지므로 농도에 따른 주요 물질, 미량 물질 등은 상대적인 분류이다.

## 4.2.1 소듐

나트륨이라고도 부르는 소듐(sodium: Na)은 담수와 바닷물 그리고 식수에서 폐수에 이르기까지 모든 종류의 물에 함유되어 있는 물질로 비교적 높은 농도로 존재한다. 소듐은 지각을 이루는 원소 중 여섯 번 째로 높은(2.83 %) 비율을 차지하며, 자연 중에 소금 광산과 규산염 광물  속에 많이 함유되어 있는데 용해나 중화작용을 거쳐 대부분 이온으로 물속에 용존 되어 있다.

지표수에서 소듐 이온 농도는 10 mg/L 정도 범위이나 지역에 따라 이보다 높은 경우도 있다. 소듐 이온은 염소 이온과 마찬가지로 수질계 내에서나 일반적인 수처리 공정에서 변하지 않고 이동한다. 소듐 염은 용해도가 크고 점토나 다른 토양 성분에 결합하거나 흡착하는 경향이 적어 용출후 용존상태로 지표수, 지하수를 거쳐 바다까지 이동하며 그곳에 높은 농도로 농축된다. 바닷속 소듐 농도는 10,540 mg/L로 이는 바닷속에 두번째로 많이 존재하는 금속 양이온인 $Mg^{2+}$ 농도보다 약 8배 높은 값이다.

소듐을 함유하는 염은 다양한 산업에(예를 들면 소금에서 염소 기체를 생산하고, 식품의 방부제나 향료, 세제 생산 등) 사용되고 다시 수질계로 배출되기도 한다. 물속 소듐을 제거하는 방법으로는 물속에 함유된 대표적 소듐 화합물인 염화소듐을 제거하는 기술로 역삼투압, 전기 투석, 증류, 이온 교환법 등이 있다. 그 중에서 에너지사용과 비용을 고려할 때 역삼투압이 경제적인 기술 중 하나가 되었다. 수처리에서도 소듐이 사용되는데 경도가 큰 물을 연수화 할 때 칼슘이온이나 마그네슘 이온의 대체 이온으로 적용되기도 하고, 염기성 소듐 염은 물을 중화하는데 이용되고 차이염소산염은 물의 소독에 사용되는 등 수처리 공정에 응용되고 있다.

## 4.2.2 포타슘

칼륨이라고도 부르는 포타슘(potassium: K)은 소듐과 유사한 화학적 특성을 갖는 물질로, 자연 중에서 포타슘을 함유한 다양한 토양 암석이 용해나 중화 작용 등을 거쳐 물속에 용존 되어 있다. 포타슘은 지각을 이루는 주요한 원소로 그 비율은 2.59 %에 이르나, 자연수 속에서의 농도는 소듐이온보다는 현저히 낮다. 특별히 포타슘에 의한 수질오염이 있는 경우가 아니라면 자연수 속에서의 농도는 10 mg/L을 넘지 않는다.

담수 속에서 $Na^{+}/K^{+}$ 몰 비는 3내지 10정도이고 해수속에서는 46이다. 화학적 성질이 유사한 이 두 원소의 수질 농도 차이는 포타슘이 토양 성분에 결합하는, 특히 점토 광물의 이온교환 작용에 강하게 관여하는 암반 조성에 선택적으로 기여하는데 따른다. 포타슘의주요 산업은 비료 생산이고 그에 따른 생물 순환계에서의 거동이 수질계에서 관찰된다.

## 4.2.3 알칼리토금속

주기율표 원소 중, 주족(II족) 원소인 알카리토금속(alkaline earth metals) 중에서 주요한 수질 함유 물질은 칼슘(Ca) 과 마그네슘(Mg)이다. 베릴륨(Be), 스트론듐(Sr), 바륨(Ba) 등 IIa족의 다른 원소들의 수질 농도는 Ca, Mg에 비해 현저히 낮아 미량 원소로 분류 할 수 있으며, 다만 해수에서의 농도를 보면 Sr의 농도가 80 mg/L이고 Ba의 농도는 0.03 mg/L로 알칼리도 금속 농도로는 비교적 높은 원소이다.

칼슘과 마그네슘은 물속에서 산화수 +2의 금속이온, $Ca^{2+}$, $Mg^{2+}$로 존재하고 이 두 이온의 총 농도는 물의 특성을 나타내는 지표중 하나인 '경도(hardness)'로 표기된다. 물의 경도는 탄산염 경도와 비탄산염 경도로 나타낼 수 있으며 탄산염 경도는 물속의 탄산이온(carbonate: $CO_3{}^{2-}$)과 탄산수소이온(중탄산이온, carbonate or bicarbonaate: $HCO_3{}^{-}$) 당량에 해당하는 알칼리도 금속 이온의 총량이다. 이로 인해 경도를 띄는 물을 가열하면 다음 반응에서처럼 난용성 염인 탄산칼슘이 침전 분리된다.

$$Ca^{2+} + 2HCO_3{}^{-} \rightleftharpoons CO_2 + H_2O + CaCO_{3(S)} \downarrow$$

따라서 탄산염 경도는 제거할 수 있는 일시적 경도인데 반하여, 알칼리도 금속 이온이 황산이온이나 염소이온 등 다른 음이온과 결합하여 생성하는 비탄산염 경도는 가열해도 사라지지 않는 '잔류경도'혹은 '영구경도'라고 부른다.

경도는 수질을 판단하는 중요한 기준의 하나로 비누 등 세제의 세정 능력에 영향을 끼치거나, 주전자 등 가정의 물 가열 기구 뿐 아니라 발전소의 냉각기 관이나 수증기 발생 공정 등에서 물 때(scale) 생성으로 인한 열전달 손실이나 재료 손상 등의 원인이 될 수 있다.

### (1) 칼슘(calcium: Ca)

칼슘은 지각 구성 원소 중 다섯 번째로 많은 물질로 그 구성 비율은 3.6 %이다. 자연수의 주요한 함유 물질로 그 출처는 석회석, 대리석, 화강암 등 칼슘을 포함한 암반들이며, 물속에서 용존 기체와 함께 탄산수소이온염으로 용해된다.

$$CaCO_3(s) + CO_2(g) \rightleftharpoons Ca^{2+}(aq) + 2HCO_3^{-}(aq)$$

칼슘화합물인 탄산칼슘, 황산칼슘, 산화칼슘, 수산화칼슘 등은 다양한 산업에서 원료물질 혹은 보조 물질로 사용되고 있다. 칼슘은 시멘트, 벽돌, 콘크리트 등 건축자재에 많이 포함되어 있으며, 칼슘 인산염은 유리와 도자기산업에, 차염소산염은 표백제와 소독제에 쓰이며, 석회석을 비롯한 칼슘 포함 화학물질은 수처리에서도 중화제, 또는 응집 침전제 등으로 이용되어 산업공정에서 나오는 배출수의 칼슘 농도는 상당한 양이 될 수 있다.

또한 이 칼슘은 주요 식품 물질로, 인체에는 약 1.2 kg정도로 많이 들어있다. 인산칼슘($Ca_3(PO_4)_2$)은 비타민 D 더불어 뼈와 치아 성장 건강에 중요한 물질이며, 그 외에도 칼슘은 근육 조직과 혈액속에서도 중요한 기능을 한다. 따라서 성인에게 하루 약 1000 mg의 칼슘섭취를 권장하며, 이는 대체로 곡류와 채소를 먹는 것으로 충분할 수도 있다.

### (2) 마그네슘(magnesium: Mg)

마그네슘은 칼슘과 유사한 화학 원소로 거의 함께 존재하지만 지각 구성 원소 중에서 차지하는 비율은 2.1 %로 칼슘보다 적다. 지구 화학적인 빈도가 낮음으로 인해 용해 및 중화에 따라 담수에 용존 되어있는 마그네슘 이온($Mg^{2+}$)의 농도는 칼슘 이온($Ca^{2+}$)의 1/4 - 1/5 정도이다. 그에 반해 해수에서의 농도는 마그네슘이 1,270 mg/L로 칼슘의 400 mg/L보다 높다. 이는 마그네슘이 여러 목적으로 다양한 산업에 응용되는데 따른 결과로 생각할 수 있다. 마그네슘은 플라스틱이나 화재에 약한 다른 물질에 첨가, 또는 충진제로 쓰이기도 하며, 비료나 사료 제조에 사용되고, 맥주 공장이나, 수처리장에서도 사용된다.

## 4.2.4 질산 이온과 아질산 이온

산소가 충분히 용존 되어있는 물속에는, 같은 주요 대기 성분인 질소 기체가 용존 되어 있고 그로부터 대표적인 무기 질소 화합물인 질산 이온(nitrate: $NO_3^-$)이 생성된다. 수계의 질소화합물 농도에 질소를 함유하는 암석도 기여하지만, 주로 유입되는 비료 물질이나 하수처리장 방류 등 인간 활동이나 여러 생물학적 과정에 따른 원인 물질이 기여한다. 암모늄 이온이나 요소 등 비료 성분은 물에 쉽게 씻기고 미생물 산화(질산화) 과정에서 아질산 이온(nitrite $NO_2^-$)을 거쳐 최종 산화물인 질산 이온($NO_3^-$)이 된다.

아미노산, 단백질과 같은 유기 질소 화합물의 산화는 여러 순환을 거쳐 최종 생성물은 다시 유기 질소 화합물로 전환되는데, 이런 동화 작용에 따른 질산 이온 감소는 같은 영양 물질인 인산염과 더불어 호수나 강 등 수계에 영양화를 일으킬 수 있다. 산소가 부족한 환경에서는 혐기성 미생물의 영향으로 질소산화물이 유기 탄소 화합물의 산화 분해를 일으키는 산화제로 작용하면서 탈질 반응(Denitrification)이 일어나기도 하는데 탈질 반응의 최종 생성 물질은 무엇보다 질소($N_2$)이지만 부산물로 아질산 이온($NO_2^-$)이나, 일산화이질소($N_2O$)가 생성되기도 한다.

질산 이온은 그 자체로 인체에 크게 유해하진 않으나 농도가 매우 높을 경우 위와 장에 장애를 일으킬 수도 있다. 하지만 인체 유해성 문제는 질산이온이 소화기관 내에서 아질산 이온으로 환원될 수 있으며, 아질산 이온은 산소를 운반하는 데 필요한 헤모글로빈(hemoglobin)을 메테모글로빈(methemoglobin)으로 산화시켜 체내 산소 운반 과정을 방해한다. 이는 특히 체내 산소 전달에 예민한 생후 6개월 정도까지의 영유아에게는 치명적인 건강상 위험을 일으킬 수 있다.

또다른 아질산 이온의 환경 위해성은 이차 아민이나 아마이드를 암 유발물질인 니트로 아민으로 반응시킬 수 있는 것인데, 반응 경로는 질산 이온(nitrate) → 아질산 이온(nitrite) → 헤모글로빈혈증(methemoglobinemia), 혹은 질산 이온(nitrate) → 아질산 이온(nitrite) → 니트로스아민(nitrosamine) → 암(cancer)으로 표시할 수 있다. 이와 같이 직접 영향은 아니지만 건강에 영향을 끼칠 수 있기 때문에 수질관리에서 음용수의 질산 이온과 아질산 이온은 허용 기준 농도를 통해 규제하고 있다.

## 4.2.5 황산 이온

황산 이온(sulfate: $SO4^{2-}$)은 수질계에 존재하는 음이온 중에서 염소 이온 다음으로 농도가 높은 음이온으로, 지표수에서의 농도는 100 mg/L 정도이다. 자연적으로는 석고($CaSO_4 \cdot 2H_2O$)의 용해와 황화염의 화학적, 혹은 생물학적 산화가 주된 발생원이다. 거기에 산업 폐수에 기인한 황산 이온이 유입되어 수계의 총 황산 이온을 이루는데, 수계 흐름의 종착지인 바다에서의 황산 이온 농도는 2.46 g/L에 이른다.

또한 황(S)은 유기화합물의 주요 구성 원소로서, 유기 황 화합물의 호기성 분해는 무기 물질인 황화수소나 다른 황화염의 생화학적 산화와 함께 황산 이온의 생성과 생물학적 동화 작용이 포함되는 순환과정을 이룬다. 한편, 대기 중에서 유입되는 황산 이온도 고려할 수 있는데, 이는 무엇보다 화석연료 등 황 함유 물질의 연소로 생겨난 이산화황($SO_2$)이 배출된 후 대기 중에서 황산으로 전환되어 비나 눈의 강하물로 수계에 유입되는 것이다. 일반적으로 강우 속의 황산 이온 농도는 지표수에서 보다 높지 않지만, 산을 형성하여 pH를 낮춤으로써 산성비 문제를 일으키기도 한다. 암석의 중화로도 수계에 황산 이온의 농도가 높아지는데, 이에 기여하는 대표적 광물인 황철석(pyrite: $FeS_2$)은 미생물에 의해 황산 이온으로 산화된다.

## 4.2.6 할로젠 원소

할로겐(halogens)은 주기율표 VIIa족에 있는 원소들로, 전기 음성도가 커서 주로 산화수, -1가의 음이온으로 거동하는 플루오린(또는 불소) 이온($F^-$), 염소 이온($Cl^-$), 브로민(또는 브롬) 이온($Br^-$), 아이오딘(또는 요오드) 이온($I^-$) 중에서 염소 이온은 그 농도나 분포를 볼 때 가장 주요한 이온이다. $F^-$, $Br^-$, $I^-$는 상대적으로 담수 또는 해수에서의 농도는 낮지만 인체, 또는 환경에 끼치는 영향이 중요한 의미를 가진다.

### (1) 플루오린 이온(또는 불소 이온: fluoride: $F^-$)

플루오린 이온은 토양 입자와 강하게 결합되어 있지만 물에 용해되어 수질계로 유입됨으로써 수생태계에 직접 영향을 끼치는 외에 각종 채소 등 식물을 통해서도 육상 동물에 영향을 끼칠 수 있다. 플루오린 이온은 충치를 방지하고 골격 형성을 위해 하루 1.2~2.5 mg정도 필요하나, 식품을 통해 섭취하는 양은 약 0.5 mg으로 예상되어 하루 물 섭취량을 2 L라 가정 할 때 물속 플루오린 이온 농도는 1 mg/L이다. 그러나 플루오르이온은 그 섭취량이 필요량을 조금만 넘어도 치아 또는 뼈 구성 물질에 유해하며, 그 유용성과 위해성 농도 차이가 매우 적어 일부 지역에서 유용함을 고려해 불소를 이용한 정수처리 공정을 도입한 것이 건강과 환경에 대한 우려를 낳는다는 논란이 지속되고 있다. 해수에서의 플루오린이온 농도는 1.3 $mg/l$로 대개 0.5 $mg/l$이하인 지표수에서 보다 높다.

### (2) 염소 이온(Chloride: $Cl^-$)

염소이온 화합물은 일반적으로 용해도가 크기 때문에, 대부분의 물에 염소 이온이 존재하고, 특히 해수에서의 농도는 18.98 $g/l$로, 모든 음이온 중에서도 가장 높다. 암염 등 염소이온을 함유한 암석지반 근처나 제설제로 염소 화합물을 사용하는 곳과 여러 폐수 배출 지역 수계에서의 농도도 높다.

염소 이온은 물속에서 화학반응으로 변화하지 않고 특별한 화학작용이 없어 토양 속에서도 잔존 없이 이동하고, 일반적인 정수 처리나 폐수 처리 공정에서도 제거되지 않는다. 염소 이온은 인체의 건강에도 특별한 영향을 끼치지 않는 것으로 여겨지는데, 다만 혈압상승을 일으키는 소듐 이온($Na^+$)의 경우, 염소 이온과 결합하는 경우에만 고혈압을 나타낸다는 연구가 있다.

### (3) 브로민 이온(또는 브롬 이온, bromide: $Br^-$)

지표수의 브로민 이온은 광물 등 자연에서 유래된 것과 폐수 유입 등에 따른 결과이며, 그 농도는 미량이나 지역에 따라 편차가 있다. 브로민 이온이 함유된 물을 정수처리하는 경우, 오존 산화 공정을 이용하는 정수장에서 산화 부산물인 브로민산 이온($BrO_3^-$)이 생성되는데 이는 발암물질로 알려져 있다. 따라서 음용수를 얻기 위한 수처리 과정에서 오존을 이용하는 경우에는 특별한 기술 관리가 필요하다.

### (4) 아이오딘 이온(또는 요오드 이온 iodide: $I^-$)

자연수 중 아이오딘은 비나 증발을 통해 수계에 유입되는 것과 아이오딘을 함유한 암석의 풍화나 심해의 화산활동 등에 따른 것이며, 환경 중 농도는 아이오딘을 산업용, 의료용 등으로 사용하는 인간 활동에 따라 증가하였다. 아이오딘은 도료, 사진, 배터리, 윤활유 등 여러 산업에서 사용되며, 방사성 아이오딘은 갑상선 암 치료 등 의학 용도로 사용되기도 한다.

한편, 1986년 러시아 Chernobyl 핵 발전소 사고와 해일 발생으로 인한 일본 후쿠시마 발전소 재난에 따른 방사성 아이오딘($I^{131}$) 누출은 널리 알려진 환경 오염 사례이기도 하다. $I^{131}$의 반감기는 8일인데, 방사성 아이오딘에 오염된 목초지에서 생산된 유제품을 인간이 섭취할 경우 인체 유해성이 염려되고, 수질계에 유입되면 장기간 다양한 반응을 거치면서 환경에 영향을 끼친다. 정수 과정에서는 활성탄을 이용하여 물속 아이오딘을 제거할 수 있다.

## 4.3.1 부영양화

부영양화(eutrophication)는 호수나 강 혹은 바다 등의 수질계에 유입되는 가정 하수, 농업 및 산업 폐수 등의 물에 질소(N)나 인(P)등의 영양 염류가 많이 함유되어 유입 유역의 수 생태계에 조류가 과도하게 증식하거나 식물의 급속한 성장 등 비정상적인 환경 변화가 나타나는 현상이다. 수질계의 영양 과잉에 따른 이 현상은 과잉 번식된 조류 식물이 하천이나 호소에 햇빛이 유입되는 것을 차단함으로써 생물 소멸이 일어나고 또한 물속의 용존 산소가 감소함으로써 수 생태계가 교란되는 문제를 일으킨다.

지구온난화와 더불어 물의 부영양화는 위협적인 환경 문제 중 하나가 되어 많은 국가가 원인 규명과 방지 관리 등에 힘쓰고 있다.

수질계에서 식물 플라크톤의 과잉 증식이 일어나 수환경 내 생산성의 불균형을 초래하는 부영양화는 도시화와 산업발전 및 농업생산성 증대 등 인간활동에 따른 영향으로 더욱 심화되고 있다. 자연적으로 호소나 하천의 초기 상태에서는 영양물질이 부족하여 조류에 의한 생산성이 낮은 빈영양호 상태이다. 자연적인 부영양화는  주변에서 유입되는 자연적인 영양물질이 증가하면서 조류 증식이 활발하고 그에따라 동물 플랑크톤과 수중 생물 개체 수 증가가 일어나고 그 사체가 쌓이면서 자연적인 부영양화 과정을 거친다. 이런 자연적인 부영양화와는 달리 인위적인 요인에 의한 부영양화는 매우 빠르게 진행되고, 특히 수온, 일조량 등 기후 기상조건이 조류 광합성에 영향을 끼치는 것과도 밀접한 관계가 있으며 계절적 영향은 주로 봄부터 가을까지 나타난다.

이 수질 부영양화 현상은 일반적으로 수계에 번성하는 자가영양 조류에 의한 것으로 그 조류는 다음식과 같이 무기 물질과 햇빛 에너지를 통한 광합성으로 조류원형질체가 생성되는데 따른다.

$$106CO_2 + 16NO_3^{\ -} + HPO_4^{\ 2-} + 122H_2O + 18H^+$$

에너지↓+미량원소

$$C_{106}H_{263}O_{110}N_{16}P \text{ (조류 원생길)} + 138O_2$$

이 식에 따르면 무기 질소(N)와 무기 인(P)이 조류 번식의 주된 조절 인자이고, 그중에서도 인이 결정적인 요인임을 알 수 있다.

부영양화가 나타나면 호소나 강의 물은 번식 조류에 따라 녹색 혹은 갈색을 띠고 투명도가 감소한다. 물속의 탄산염이 조류 생성 과정의 광합성에 의해 소모됨으로써 물의 pH는 증가하여 중성에서 약 염기성이 된다. 과다 증식한 플랑크톤으로 물의 표면이 덮이면 유입되는 햇빛이 차단되어 조류 등 물속 식물이 고사하며 용존 산소를 소비하므로 동식물이 사멸하는 환경에 이른다.

이런 현상은 우리나라의 호소나 하천에서도 자주 나타나는데, 하천 수심이 얕고 갈수기와 건천 현상이 잦아 부착 조류 생성이 유리한 환경에서 수계에 유입되는 물의 조성 물질, 특히 질소와 인 함유 화합물이 결정적 역할을 한다. '녹조 라떼'라는 용어가 사회적 이슈로 언급되는 등 녹조 발생 빈도가 높아지고 있으며, 특히 낙동강 등 일부 지역의 녹조 발생 현상에서 맹독성 물질을 함유하고 있는 남조류 발생이 확인되는 등 부영양화는 음용수 수질 관리 및 식수원 보호에 심각한 위협 요인이 되기도 한다.

## 4.3.2 물속의 자연 유기 물질

물속에 들어있는 자연유기물질(NOM: natural organic matter)은 이산화탄소와 물 그리고 영양원소로부터 생물체(biomass)를 만드는 광합성(photosynsethis) 과정과 그 생물체가 최종 무기화합물로 분해하는 무기질화(mineralization) 과정 속에서 나타난다. 수질계에 나타나는 유기 탄소는 주로 다양한 유기 생물체와 사멸된 생물체 그리고 물질의 분해나 전환과 같은 물질순환과정에서 생성된 것이다. 토양의 씻김 작용도 유기물질 총량에 기여한다.

물속의 자연유기물질은 용존 형태 외에 입자상 물질로도 존재하는 등 그 존재 형태가 매우 다양하여 모든 단일 구성 물질을 일일이 파악하는 것은 불가능하다. 따라서 자연 유기물질의 농도를 규정함에 있어 일반적으로 총괄 변수를 사용하는데 세 변수는, 총유기탄소(TOC; Total Organic Carbon), 용존 유기탄소(DOC; Dissolved Organic Carbon) 및 입자상 유기탄소(POC; Particular Organic Carbon)이며, 이들 사이의 상관 관계는 다음과 같다.

$$TOC = DOC + POC$$

수계 중 지표수와 지하수의 용존 유기탄소 농도는 대개 1 $mg/l$이하에서부터 10 $mg/l$ 정도까지 수계에 따라 편차가 크며, 그 중 인간 활동에 따라 생긴 유기물 농도는 $\mu g/l$ 혹은 $mg/l$ 범위로 나타난다. 따라서 적어도 수계 중 지표수와 지하수의 TOC와 DOC는 물속 자연유기물질 함량과 유사하고, 물속 유기물 총량을 자연유기물질(NOM; Natural Organic Matter)로 나타내기도 한다.

용존 유기탄소로 특징되는 유기물질 중의 일부분은 간단하고, 생물학적으로 쉽게 분해되는 결합, 예를 들어 탄수화물, 카르복실산, 아미노산 등으로 이루어져 있지만 환경 수질화학적 관점에서 더 관심을 끄는 물질은 화학적 혹은 생물학적으로 안정하고 궁극적으로 완전 무기질화되면 수계에서 사라지는 부식질(humic substance)이다.

부식질은 자연적인 생물, 유기물질이 화학적 혹은 생물학적 반응을 통해 분해되고 전환되어 생긴 물질로 수질계와 토양에 존재한다. 장기간에 여러 단계 반응을 거치며 형성된 불규칙한 구조의 부식질은 물질 내(intra molecular)에서 혹은 물질 간(inter molecular) 결합을 하거나 고분자화(polymerization) 한다.

부식질에 나타나는 중요 작용기는 카르보닐(carbonyl)기, 카르복실(carboxyl)기, 방향족(aromatic), 지방족고리(alicyclic ring) 또는 지방족(alkyl)의 하이드록실(hydroxyl)기이다. 그 밖에 질소와 어느 정도의 황(sulfur), 인(phosphor) 그리고 양이온도 함유하고 있다. 이러한 부식질은 단일 물질이 아닌 다양한 유기화학 구조물의 혼합체로써 그 분자량 크기는 100 Dalton 정도의 작은 것부터 수 십만 Dalton의 커다란 크기에 이르는 불균일 화합물이다. 따라서 단일 화합물에서처럼 일정한 화학적 특성에 따른 분류가 어렵거나 혹은 불가능하기 때문에, 기능적 분리 방법으로 수용액 속에서 산도(acidity)에 따른 용해도 차이를 이용하여, 부식산(humic acid), 훌브산(fulvic acid) 그리고 휴민(humin)으로 분류해 다룬다.

부식산이 산성 pH연역에서 난용성인 반면 훌브산은 거의 모든 pH영역에서 용존성이고 휴민은 모든 pH영역에서 난용성 혹은 불용성이다. 따라서 훌브산은 용해도에서처럼 수질계에서 매우 주요한 부식질인데, 부식산에 비해 몰 질량이 작고 작용기 중 극성 작용기의 분율이 높다. 아래 그림은 훌브산의 작용기를 나타낸 간단한 구조의 화합물 모형이다.

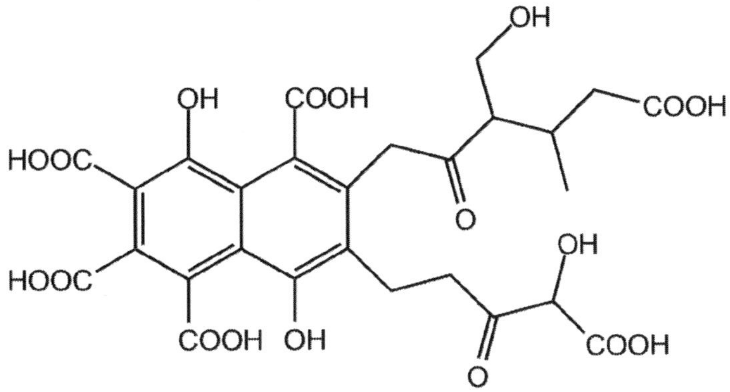


〈그림〉 훌브산 구조 예

## 4.3.3 열오염

수질 환경에 영향을 끼치는 다양한 오염물질이 있는데 그러한 화학물질 외에도 수질을 결정하는 요인들이 있다. 그 중 온도(수온)는 가장 중요한 인자 중 하나이다. 수환경 결정 요인인 수온의 변화에 따라 수질 상태가 달라지는데 이때 나타나는 수질 오염 현상이 온배수에 의한 열오염(thermal pollution)이다. 열오염은 발전소나 공장에서 물을 냉각재로 이용한 후 다시 수계로 방류할 때 수온이 최초 온도보다 상승하여 주변 수온보다 높은 경우 수생태에 영향을 끼치는 것이다. 전 세계적으로 이용하는 냉각수의 양은 하루에 2천만 톤 정도에 이르는데, 1 GW의 전력을 생산하는 석탄 또는 석유화력발전소에서 열교환 과정을 거쳐 내보내는 물은 주변 수환경에 비해 약 12 ℃ 정도 수온이 높다. 이러한 온배수는 용존 산소의 농도를 낮추어, 물고기와 플랑크톤 및 수생 식물 등 수질권의 자연생태계 변화에 큰 영향을 끼치게 된다.

## 4.3.4 플로오린화수소산

불산 혹은 플루오린산(hydrofluoric acid: HF)이라고도 하는 플루오린화수소산은 플루오린화 수소(또는 불화수소) 기체의 수용액으로 무색이며 냄새는 자극적이다. 이 산은 같은 할로젠 족이며 강산으로 분류되는 염산(HCl)이나 브로민화수소산(또는 브롬산, HBr)과는 달리 약산으로 분류된다. 이는 HF 분자 사이에 HF…HF의 강한 수소 결합(hydrogen bond)이 작용하여 다음 식에 따르는HF 분자의 해리가 쉽게 일어나지 않기 때문이다.

$$HF + H_2O \leftrightarrow H_3O^+ + F$$

이온으로 잘 해리되지 않는 중성의 HF는 생물체 접촉 시 세포 깊숙이 침투하는 강한 독성작용을 나타낸다.

HF의 환경에서의 중요성은 2012년 9월 27일 경북 구미 시에서 발생한 불산 가스 누출 사고를 통해 크게 각인되었다. 작업자의 실수로 누출된 HF 기체는 5명이 사망하고 18명이 부상을 당하는 것 외에도 대기 및 토양 확산을 통해 농작물과 가축에 큰 피해를 일으켰다.

HF 기체는 인체 수분과 반응하고, H와 F 사이의 강한 수소 결합을 통하여 노출된 피부로부터 체내로 침투하여 생리학적으로 중요한 $Ca^{2+}$, $Mg^{2+}$와 결합하여 불용성 $CaF_2$ 등의 침착물을 체내에 형성하므로 인체 위험성이 매우 크다.

HF의 공업적인 생산은 형석 광물($CaF_2$)을 다음 반응식에서처럼 고온에서 황산과 반응시켜HF기체를 발생시킨 후 수용액 상으로 유도한다.

$$CaF_2 + H_2SO_4 \rightarrow 2HF + CaSO_4$$

플루오린화수소산은 플루오린(F)을 함유하는 여러 제품을 생산하는 출발 물질이면서 다양한 산업에 사용된다. 특히 플로오린화 수소 산은 아래 반응식에서처럼 유리(산화규소염)를 녹이는 거의 유일한 물질로 반도체 및 전자부품의 세정 및 식각(etching) 공정에 매우 중요한 시약이다.

$$SiO_2 + 6HF \rightarrow H_2SiF_6 + 2H_2O$$
$$SiO_2 + 4HF \rightarrow SiF_{4(g)} + 2H_2O$$

이 반응에서처럼 HF는 웨이퍼 가공 세척 등 반도체나 디스플레이 제조공정에서는 대체물질이 거의 없는 중요물질이어서, 반도체 생산 수출이 국가 경제에 끼치는 영향이 막대한 우리나라에서 HF는 더욱 특별한 화학물질일 수도 있다. 단순한 화학물질인 HF가 3 · 1운동과 대한민국 임시정부 수립 100주년을 맞는 해에, 더욱  불거진 한 · 일 과거사 문제 논란으로 인해, 정치와 경제의 심각한 뉴스로 등장하기도 했다. 다음은 이 뉴스를 인용한 것이다.

**불화수소 90 %가 일본산 -수입 끊기면 한국 반도체 치명타-**

… 반도체 제조용 정밀화학원료는 일본에서의 수입 비중이 41.9 %나 된다. 그 중에서도 불화수소는 반도체 세정에 꼭 필요한 것으로 90 % 이상을 일본에서 수입하고 있으며, 일본 외에 제대로 만들 수 있는 나라가 거의 없다. … 이런 상황에서 일본이 한국 법원의 일제시대 강제징용 배상 판결 등에 대한 불만으로 불산의 한국 수출 금지 등 경제 보복 조치를 취할 경우 반도체 업계에 치명타가 될 수 있다. …

〈출처: 한국경제, 2019년 4월 8일〉

## 4.3.5 오염물질의 농축 – 생물농축

### (1) 생물농축계수(bioconcentration factor)

생물농축(Bioconcentration)은 환경 매질 중의 생물이 물질을 직접 섭취함으로써 환경 속의 특정 성분의 농도가 생물체 내에서 증가하는 것을 말한다. 생물농축계수(bioconcentration factor: BCF)는 환경 매질 속의 어떤 특정물질(오염물)이 생물농축을 통하여 생물체 내에 축적되었을 때, 그 물질의 물속에서의 농도와 생물체 내에서의 농도 비율을 의미한다. 보통 잠재적 환경 위해성을 갖는 화학물질이 수중 어류에 끼치는 농축성을 확인하는 실험을 하는데, 물고기 실험은 아가미와 상피조직을 통한 물 순환량이 크고, 먹이연쇄에 따라 사람에의 영향을 고려하는데도 의미가 있다. 생물농축계수(BCF)는 다음과 같이 나타낼 수 있다.

$$BCF + \frac{C_b}{C_w}$$

$C_w$: 물 속에 존재하는 시험물질의 농도

$C_b$: 생물체에 존재하는 시험물질의 농도

### (2) 생물(농축)확대(biomagnification)

생물(농축)확대는 먹이사슬(food chain)을 통해, 생물체 중에 특정 성분이 증가하는 것을 말하는데, 하위 단계의 포식자가 주변 환경에 노출되어 그 생체

내에 특정 성분이 축적되고 이를 먹이로 취하는 상위 단계 포식자 내에서의 성분 농도가 먹이사슬을 따라 증가하는 것을 뜻한다.

### (3) 생물축적(bioaccumulation)

생물들이 환경 중의 특정 성분에 직접 노출되어(접촉, 흡수, 섭취 등) 그 성분이 생체 내에 농축되는 것과 먹이 사슬에 따라 상위 포식자로 이동할수록 생체 내 특정 성분 농도가 증가하는 것을 포함하는 것으로, 넓은 개념의 생물농축으로 볼 수 있다.

### (4) 치사량(lethal dose)

치사량은 사람이나 동물에게 특정한 약품이나 물질을 투여했을 때 치명적인 결과가 나타날 수 있는 약품이나 물질의 양으로, 독성학적으로 해당 물질을 투여했을 때 대상 동물이나 인간이 죽을 수 있는 최소 양이다. 정량적인 실험값으로는 반수 치사량($LD_{50}$; median lethal dose)으로 표시하는데 이는 어떤 특정물질의 독성을 시험할 때 물질을 투여 받은 실험군의 50 %가 사망하는 때의 주입량을 나타낸다.

〈표〉 잘 알려진 몇 가지 화합물의 $LD_{50}$

| 화합물 | $LD_{50}$ $(mg/kg)$ | 있는 곳 | 유해성분 | 비고 |
|---|---|---|---|---|
| 물 | 90000 | 음용수, $H_2O$ | $H_2O$ | Rat |
| 설탕 | 30000 | 식품 | Glucose | Rat |
| 에탄올 | 7060 | 알코올 함유음료 | Ethanol | Rat, oral |
| 염화소듐 | 3000<br>12000 | 소금, 식탁 | NaCl | Rat, oral human, oral |
| Acetyl-salicilic cid $(C_9H_8O_4)$ | 200 | 아스피린 | Aspirin | |
| 표백(증기) | 850 | 표백소독 | Chlorone, $Cl_2$ | Rat, inhled |
| 콜라 | 140 | 천연농약, 커피 | Caffeine, $C_8H_{10}N_4O_2$ | Dog, oral |
| DDT | 100 | 살충제 | $DDT$ | |
| Vitamin $D_3$ | 37 | 영양제, 버석, 물고기 | $V_{D3}$ | rat |
| Nicotine | 10 | 천연농략, 담배 | Nicotine | |
| 아프라톡신 | 5 | 토양곰팡이, 곰팡이 핀 음식 | Aflatoxin | |
| 다이옥신 | 0.0001 | 제초제 부산물 | 2,3,7,8-TCDD | Guinea pig |

### (5) 반감기(half life)

반감기는 대상 물질의 농도가 초기 농도의 반으로 감소하는데 걸리는 시간이다. 예를 들어 어떤 반응계에서 반응물 A의 변화가 방사능 물질의 붕괴와 같이 1차 반응 과정을 따르는 경우 속도법칙으로부터,

반응속도=k[A]

(k는 속도 상수, [A]는 반응 물질의 농도로 반응초기농도$[A_0]$, 시간 t에서의 농도$[A_t]$표기)으로부터,

$-\frac{\Delta[A]}{\Delta t} = k[A]$, 이를 적분하면

$$\ln\frac{[A_t]}{[A_0]} = -kt$$

$$t = \frac{1}{k}ln\frac{[A_0]}{[A_t]}$$

반감기는 $[A_t] = [A_0]/2$가 되는 시간 이므로,

$$t_{1/2} = \frac{1}{k}ln\frac{[A_0]}{[A_0]/2]} = \frac{0.693}{k}$$

따라서 1차 반응 과정을 따르는 물질의 반감기는 초기 농도에 관계없이 일정하다.

# 4.4 정수처리

산업화로 인한 사회 변화와 인구 증가에 따라 환경 오염이 심해지고 상수원수의 수질도 더 나빠지는데, 비하여 삶의 질에 관한 사람들의 요구는 증가하면서 먹는 물의 품질에 대한 수질 기준은 지속적으로 강화되고 있다.

우리나라의 수자원 이용현황을 보면 상수 원수로 이용되는 주요 수원은 하천수이다. 일부 댐이나 호소수 혹은 지하수가 이용되기도 하나, 대부분 하천수를 직접 취하거나, 댐 내의 체류 시간이 길지 않은 다목적 댐에서 취한 상수 원수를 이용하므로 원수의 특성은 하천 수에 가깝다.

국가는 상수원수의 수질이 먹는 물 수질 기준에 적합하지 않으므로, 수질오염 성분을 제거하여 국민이 안심하고 이용할 수 있는 물을 생산하기 위하여 정수처리장을 운영 관리하고 있다.

정수시스템은 여러 단계의 단위공정으로 이루어지는데, 그 구성은 일반적으로 오염물질의 물리적, 화학적 특성, 오염 물질의 농도 등에 따라 처리 특성을 고려한 여러 공정을 조합한다. 깨끗한 물을 효율적으로 생산하기 위해서는 기본적으로 먼저 원수의 수질 특성을 분석하여 그에 따른 처리 기술을 결정하는데, 먹는 물에 적합하지 않은 오염 물질의 종류는 무엇이며 입자의 크기, 분자의 크기, 용존 물질, 현탁 물질, 친수성 물질, 소수성 물질, 입자 표면 전하 등 제거 대상 물질의 농도와 특성에 따른 오염 물질의 분리 및 처리 기술을 조합하여 원수 수질에 대응하는 정수처리 시스템을 구성한다.

다음 그림은 하천수를 원수로 먹는 물을 생산하는 정수 처리 공정의 한 예이며, 그림에 나타낸 각 단계별 단위 공정을 간략히 설명하였다.

(1) **취수장:** 하천이나 댐의 수원지에서 물을 얻는 곳으로, 취수 과정에서 나무 조각이나 쓰레기 등이 걸러지면서 정수장으로 물이 들어온다. 지하수를 원수로 사용하는 경우 지표면을 통해 흡수되면서 걸러지고 경우에 따라서는 별도의 정수 과정이 필요 없는 경우도 있다.

(2) **침사지:** 취수장에서 정수 시설로 물이 이동하는 동안 원수 중의 모래를 비롯한 침전물을 제거하여 물을 끌어들이는 도수관의 마모나 폐쇄를 방지하기 위한 곳.

(3) **취수장 / 착수정:** 취수 펌프를 이용하고 도수관을 통해 물을 정수처리장까지 도달케 한 후 착수정에서 정수처리시설 용량에 따라 물의 양을 조절하고 분배하는 곳.

(4) **약품투입실 / 혼화지:** 물에 녹지 않고 가라앉지 않는 미세부유물질이 서로 엉키어 큰 응결체(플록: floc)를 형성하도록 투입하는 응집제, 그리고 조류, 암모니아성 질소 등 맛과 냄새를 일으키는 오염 물질을 제거하기 위해 활성탄 등의 약품을 투입한 후 섞어 줌으로써 미세 응결체(마이크로 플록: micro-floc)를 형성하는 곳.

(5) **응집지:** 혼화지에서 형성된 미세 플록이 서로 엉키어 침전 가능한 큰 플록(macro-floc)이 형성되도록 하는 곳.

(6) **여과지:** 약품 침전을 거친 물이 일정한 모래, 자갈 층을 통과하는 급속 여과 혹은 완속 여과를 통해 미세부유물질이나 세균, 원형동물들이 제거되어 하천에서 취수한 물이 먹을 수 있는 물이 되는 곳.

(7) **정수지:** 여과된 물을 저장하여 안정화시키고, 염소 등의 처리를 통해 물

이 각 가정에 도달할 때까지 세균 유입에 따른 피해가 발생하지 않도록 소독하는 곳.

(8) **배수지:** 정수장에서 생산된 물을 각 가정에 안정되게 공급하는 곳.

정수장의 처리공정 구성은 취수하는 원수의 수질과 먹는 물 수질기준에 따라 달라진다. 국가가 관리하는 수질 기준은 수질 오염의 다변화와 국민생활 수준의 향상에 따라 엄격하게 강화되기 때문에 기존의 정수장 시설에서도 처리 방법을 개선하거나 새로운 기술을 도입하는 등 많은 연구와 노력이 지속되고 있다.

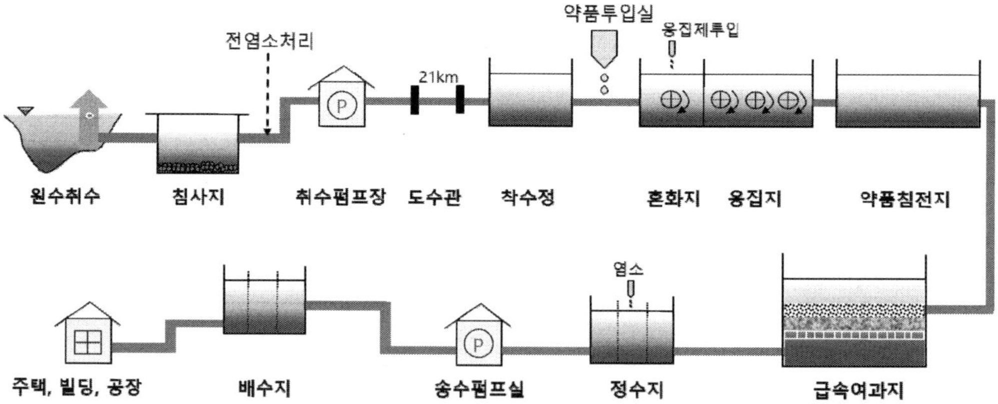


**〈그림〉** 정수 처리 공정의 예

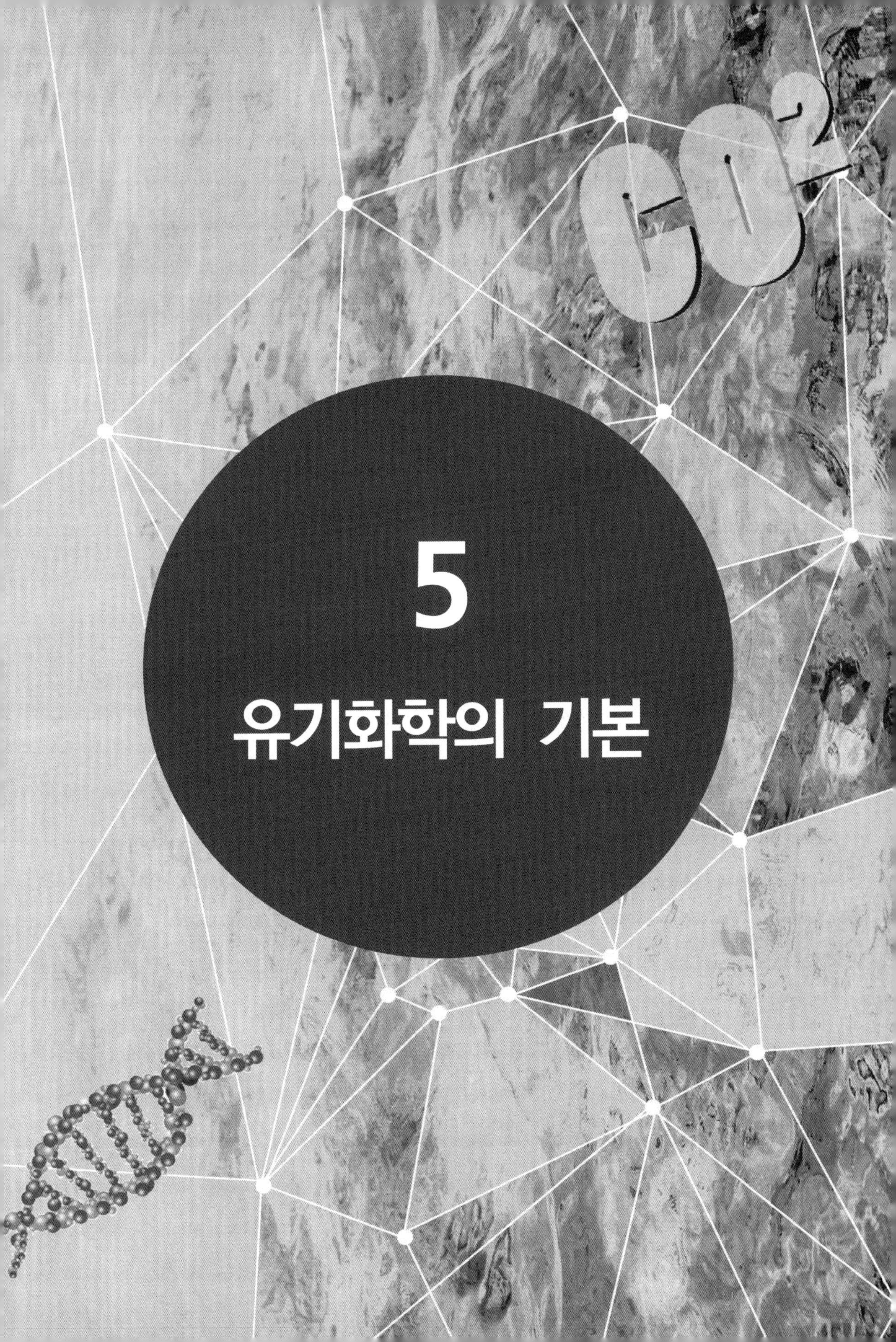

# 5
# 유기화학의 기본

# 5.1 유기화학이란?

‘유기화학(organic chemistry)’의 ‘유기’라는 용어 사용은, 유기 분자는 생물에서만 생성될 수 있다는 역사적인 배경에 따라 무기화학과는 엄격하게 분리하여 사용해 왔다. 하지만 1828년 Friedrich Wöhler가 무기 물질인 황산암모늄($(NH_4)_2SO_4$)과 시안산포타슘(KOCN)으로부터 최초의 합성 유기 물질인 요소($(NH_2)_2CO$)를 제조하면서 유기화학 개념은 생물 영역을 넘어서게 되었다.

현대 유기화학은 주기율표의 주족 원소인 ‘탄소의 화학’으로 표현되기도 하는데, 탄소(C)를 주축으로 한 유기화학 물질의 다른 주요 구성 원소는 수소(H), 산소(O), 질소(N), 황(S), 인(P) 등이다.

탄소 화학은 수 많은 화합물이 있는데, 지금까지 발견하고 합성하거나 기록된 것만도 수 천만 개 혹은 그 이상이 되며 지속적으로 새로운 화합물이 연구되고 있다. 이는 유기화학이 다양한 영역의 물질 군을 이루고 있음을 뜻한다. 우리 주변에서 사람을 비롯한 모든 생물체의 대사 물질, 화석 원료와 여러 대체 에너지원, 식품, 약품, 플라스틱 등 다양한 합성 물질과 섬유, 염료, 세제 등 유기화학물질의 존재 및 사용 범위는 거의 무한대이다. 요소를 통한 최초의 유기물질 합성 이후, 유기화학은 자동차, 의학, 영양, 의복, 위생, 화장품 그 밖의 수 많은 영역에서 인간의 삶을 근본적으로 변화시켰다고 볼 수 있다.

유기화학물질의 수가 수 천만 혹은 그 이상 이라고도 하지만, 이 무수한 유기화학물질을 체계적으로 분석해보면 그 복잡성 속에 의미 있고, 활용 가능한 체계적인 결합 특성을 지니고 있다. 그에 따라 탄소 원소의 화학적 반응은 유기 화합물의 기본 구조가 일치하는 물질들의 경우 유사한 특성을 갖고 있다. 그리고 화학반응을 통하여 어떤 한 물질 군의 기본 결합 구조로부터 새로운 결합이 생기므로 새로운 화합물을 설계하고 합성할 수 있다.

# 5.2 탄소

유기 화합물이 무기 화합물에 비하여 많고, 이제까지 알려진 화합물 외에도 수 없이 많은 새로운 유기 화합물이 연구되고 합성될 수 있는 것은 화학 원소로서의 탄소(carbon) 원자가 특별하기 때문이다. 이러한 탄소 원소의 원자 구성, 궤도 모델, 전자 배치 및 화학결합 특성등 유기화학의 기본을 알아보는 것은 환경을 구성하는 다양한 물질을 설명하고 환경시스템에서 일어나는 물질의 변환을 이해하는 첫 단계이다.

## 5.2.1 주기율표의 탄소

주기율표는 원소의 구성과 그로 인해 나타나는 특성들이 주기적인 성질을 갖는 것에 따라 정리한 표이다. 그러므로 주기율표로부터 각 자리에 위치한 원자의 특성에 대한 중요한 정보를 얻을 수 있는데, 탄소 원자는 일반적으로 $^{12}_{6}C$ 로 표기되어 있으며 이 표기 로부터 탄소에 대한 다음 정보들을 얻는다.

- 탄소(carbon) 원소의 표기 기호는 C 이고, 이는 탄소 원자를 나타낸다.
- 탄소 원소는 원자 번호가 6번 이다. 이것은 탄소가 주기율표의 순서에서 여섯 번째 자리에 위치함을 나타낸다. 이 원자 번호는 탄소 원자의 핵 속에는 양(+) 전하를 띄는 6 개의 양성자(proton)가 있으며, 핵 주변은 음(-) 전하를 띄는 6개의 전자(electron)로 구성되어 있음을 뜻한다.

- 원자 핵 속에는 양성자 외에도 전기적으로 중성인 중성자(neutron)가 존재한다. $^{12}_{6}C$로 표기되는 탄소 원자에서 위 첨자 12는 탄소 원자의 원자 질량에 해당하며, 아래 첨자 6은 양성자 수에 해당한다. 질량수와 양성자 수의 차이($^{12}_{6}C$ 에서 12 - 6 = 6)는 탄소 원자의 핵에 들어있는 중성자 수에 해당한다.
- 탄소 원자 핵 속의 중성자가 6개가 아닌 탄소 원자도 있다. 중성자의 수가 7개 혹은 8 개인 경우 원자 질량도 13 혹은 14가 되어, $^{13}_{6}C$ 혹은 $^{14}_{6}C$ 로 나타내며, 이 세 원자를 탄소의 '동위 원소(isotope)'라고 한다. $^{12}_{6}C$ : $^{13}_{6}C$ : $^{14}_{6}C$의 존재 비율은 98.9 % : 0.1 % : 1 ppt 이하 로 탄소 동위 원소 중 가장 많이 존재하는 동위원소는 중성자가 6 개인 $^{12}_{6}C$이다.
- 질량수(mass number)는 양성자 수와 질량수를 더한 것이다. 따라서 탄소 동위 원소 중 가장 흔한 것의 질량수는 12 이며, 이는 탄소 핵 속에 양성자가 6개, 중성자가 6 개인 $^{12}_{6}C$ 원자를 가르킨다.

## 5.2.2 탄소의 전자 배치

### (1) 원자 모델

원자 번호가 6인 탄소 원자에는 6개의 전자가 들어 있다. 탄소 원자의 화학적 성질은 이 전자들의 거동에 따른 것이므로 원자 안에 전자가 어떻게 들어있는지, 그 위치와 거동에 대해 이해하는 것이 탄소 화학 즉, 유기 화학의 시작이라고 할 수 있다. 탄소 원자의 전자 배치에 관한 두 모델을 알아본다.

(가) 껍질 모델(shell model)

원자 내 전자들의 위치를 그리는 가장 간단한 방법 중 하나는 전자 껍질(electron shell)모델로써, 핵 주위에 여러 개의, 지름 크기가 다른 공 모양의 껍질이 둘러 쌓여있고 그 껍질에 전자가 위치하고 있는 것으로 묘사한다. 탄소 원자의 경우 6개의 전자가 첫 번째와 두 번째 껍질에 놓여있다.

- 특정 껍질에 위치한 전자들은 일정한 에너지를 갖고 핵 주위 껍질에서 운동한다.
- 가장 바깥 껍질에 있는 전자를 최외각전자 또는 원자가 전자(valence electron)라고 한다. 탄소 원자의 경우 4개의 전자가 두 번째 껍질(L-shell)에 놓여있으며, 이 전자가 탄소원자의 결합과 반응에 결정적인 역할을 한다. 4개의 원자가 전자가 탄소의 “네 개의 결합”을 형성하는 원천으로, 다른 원자나 탄소 원자와 공유 결합을 형성한다.

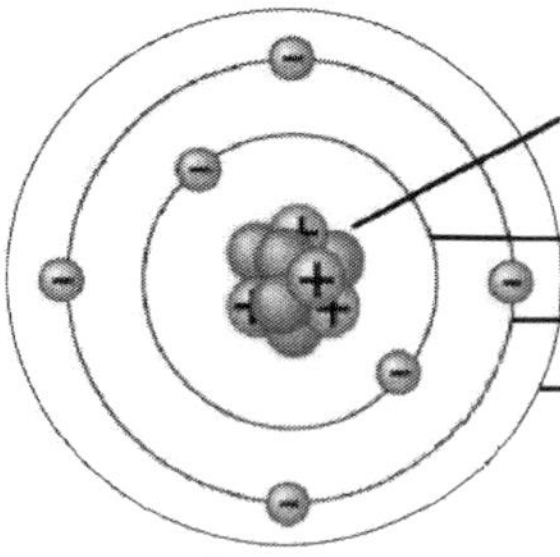


**〈그림〉** 껍질 모델에 따른 탄소원자 모형

(나) 궤도 모델(orbital model)

껍질모델에서 설명하기 어려웠던, 원자 내의 전자가 에너지를 흡수 혹은 방출하면서 만드는 스펙트럼 결과를 관찰하고 그에 따른 에너지 특성을 규명함으로써 원자 내의 전자를 더 정밀하게 구별할 수 있게 되면서, 여러 개 전자가 동일하게 위치한 것으로 여겨졌던 전자 껍질은 원자 오비탈(atomic orbital)로 알려진 부 껍질로 이루어져 있다는 궤도 모델이 제시되었다. 양자역학(quantum mechanics)의 발전과 더불어 가장 간단한 수소 원자에 대한 shrödinger 방정식으로부터 수학적 해를 구하고, 거기에서 유도된 양자수(주양자수, 각운동량 양자수, 자기 양자수, 스핀 양자수)로 궤도 함수를 기술하면서 원자 내 모든 전자를 구별할 수 있게 되었다. 궤도 모델은 다음과 같이 설명할 수 있다.

- 각 전자는 원자핵 주변에 있는, 일정한 확률로 발견될 수 있는 공간에서 움직이고 있다. 그 공간 생김새는 공이나 곤봉 모양 또는 크로바 모양 등으로 각각 s-, p-, d-궤도(orbital: 오비탈) 이라고 부른다.

- 개별 특성을 띄는 각 궤도(orbital)는 고유의 에너지 준위를 갖고 있으며 하나의 궤도에는 최대 2개의 전자가 놓여있다. 궤도 모델에서 하나의 껍질은 에너지 상태가 다른 궤도들로 이루어져 있으며, 한 원자 내 전자들이 각 궤도에 차례로 채워진 모습이다.
- K-껍질에는 1s-궤도라고 하는 하나의 궤도(오비탈)만 있어 최대 2개의 전자가 놓일 수 있으며, L-껍질에는 하나의 2s-궤도와 세 개의 2p-궤도가 있어 모두 네 개의 궤도에 최대 8개의 전자가 놓일 수 있다. 궤도 종류는 s-, p- 외에 최대 10개의 전자가 놓일 수 있는 d-궤도, 최대 14개 전자가 채워질 수 있는 f-궤도 등이 있다.

### (2) 탄소원자의 궤도 모델

탄소원자에는 총 여섯 개의 전자가 들어 있으며, 이 여섯 개의 전자궤도는 핵에서 가까운(에너지가 낮은) 궤도에서부터 차례로 채워지는데, K-껍질에 해당하는 1s-궤도에 두 개의 전자, L-껍질에 해당하는 2s-궤도에 두 개의 전자 그리고 역시 L-껍질에 해당하는 2p-궤도에 두 개의 전자가 들어있다. 이 탄소원자의 전자 배치(electron configuration)를 한 궤도에 전자가 2개씩 들어갈 수 있는 궤도를 ㅁ상자로 나타내면 다음과 같은 그림으로 나타낼 수 있다.

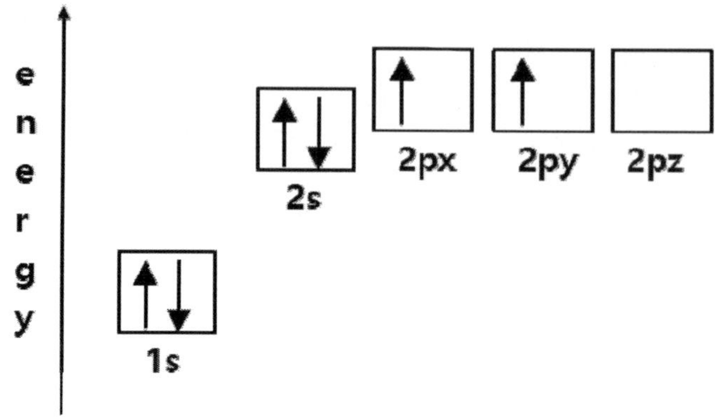


〈그림〉 탄소 원자의 전자 배치

순서대로 각 궤도에 2개의 전자가 채워지는 이 그림에서 전자가 채워지는 방법은,

- 전자는 에너지 준위가 낮은 궤도부터 차례로 채워지며(그림에서 숫자 1,2는 주양자수이다. —Aufbau 원리
- 하나의 궤도에서 두 번째 전자는 첫 번째 전자와는 스핀방향(화살표 방향)으로 표시)이 반대이고—Pauli 법칙
- 세 개의 2p-궤도에 전자가 채워지는 순서는 각 궤도에 스핀이 동일한 전자가 차례로 채워지는 것이다(전자 수가 많아 네 개의 전자가 채워질 경우 첫 번째 2p-궤도에 반대 스핀 전자가 들어가 2개의 전자가 위치한다. —Hund 규칙

### (3) 탄소의 혼성궤도(hybrid orbital)

유기 화합물에서 탄소 원자 하나는 공유 결합을 할 수 있는 동일한 네 개 원자가 전자를 갖고 있다. 유기 화합물의 구조에서 확인 할 수 있는 이 결합 특성

은, 쌍을 이루지 않는 (p-궤도에 있는) 전자가 두 개 밖에 없는 원자 궤도 모델에 따른 전자배치,($1S^2$ $2S^2$ $2p^2$)로는 설명할 수 없다.

탄소가 네 개의 동일한 결합을 이루기 위해서는, 결합에 참여할 수 있는(스스로 쌍을 이루고 있지 않은) 네 개의 전자가 있어야 하고, 이는 탄소원자의 2s 궤도와 2p궤도의 혼성(hybrid) 모델로 설명할 수 있다. 즉, 2s 궤도의 전자 중 하나가 2p궤도로 옮겨지는 들뜬 상태(excited state)를 거쳐, 2s궤도와 세 개의 2p궤도가 혼성을 이루어(hybridization) 에너지 준위가 동일한 네 개의 궤도가 형성되고, 그 각각에 전자 하나씩 들어가 있는 형태이다. 하나의 s궤도와 세 개의 p궤도가 혼합하여 이루어진 이 4개의 동일한 궤도를 $sp^3$-혼성 궤도($SP^3$-hybrid orbital )라고 부른다.

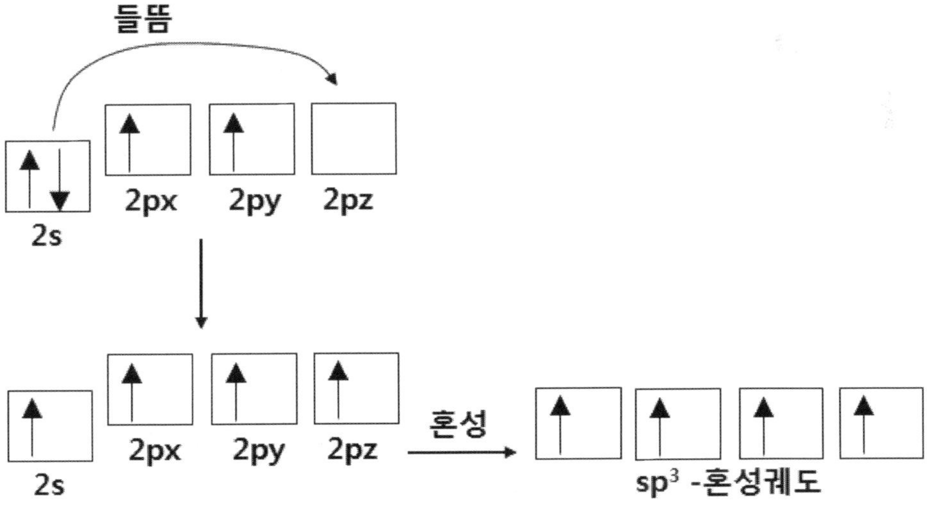


〈그림〉 탄소 원자의 sp$^3$–혼성 궤도 형성

탄소 원자가 다른 원자와 공유 결합을 하는 혼성 궤도 종류에는 다음과 같은 세 종류가 있다.

(가) $sp^3$-혼성 궤도: 탄소의 원자가 전자가 들어있는 네 개의 $sp^3$-혼성 궤도가 정사면체(tetrahedron: Td)의 중심에 위치한 탄소 원자핵으로부터 네 귀퉁이를 향하고 있으며, 각 혼성 궤도 사이는 109.5°를 이룬다. 대표적 예는 가장 간단한 탄화수소인 메테인(methane; $CH_4$)이며, 반응성이 낮고 안정한 포화탄화수소 화합물의 탄소는 이 $sp^3$-혼성 궤도를 갖는다.

(나) $sp^2$-혼성 궤도: 탄소의 네 개의 궤도 중 세 개의 $sp^2$-혼성궤도는 평면 정삼각형(triangle)의 중심에 위치한 탄소 원자핵으로부터 세 귀퉁이를 향하며, 각 혼성궤도 사이는 120°를 이룬다. 탄소의 4개의 결합 중 혼성을 이루지 않은 하나의 P-궤도는 평면 삼각형 중앙에서 상하 수직으로 놓여있다. 가장 간단한 탄화수소 화합물의 예는 에텐(ethene)이며, 탄소 간 이중결합 중 하나는 두 탄소의 $sp^2$-혼성 궤도가 겹쳐져 만들어진(평면 삼각형의 한 꼭지점이 서로 겹친 모습의) $\sigma$-결합(시그마 결합)이고, 다른 하나는 혼성하지 않고 평면 삼각형에 상하수직으로 위치한 p-궤도가 평면 아래 위에서 서로 이웃하며 일부 겹친 $\pi$-결합(파이 결합)이다.

(다) $sp$-혼성 궤도: 탄소의 원자가 전자 4개가 위치한 네 개의 궤도 중 2개의 $sp$-혼성 궤도는 일직선(linear)으로, 중심에 위치한 탄소 원자핵으로부터 서로 반대 방향을 향하며, 각 혼성 궤도 사이는 180°를 이룬다. 탄소의 네 개의 결합 궤도 중 혼성을 이루지 않은 2개의 p-궤도는 직선 모양의 혼성 궤도 방향과는 각각 90°를 이루며 x, y, z 중 두 방향을 향한다. 가장 간단한 탄화수소의 예는 에틴(ethyne; 또는 아세틸렌)이며 탄소 간 삼중결합 중 하나는 각 탄소의 sp-혼성 궤도가 겹쳐져 만들어진 것이고, 다른 두 개

의 결합은 두 탄소의 혼성하지 않은 p-궤도 중 서로 같은 방향의 궤도끼리 일부 겹쳐져 만들어진 $\pi$-결합이다.

### (4) 탄소 원자의 공유 결합

구형의 s-궤도와 곤봉모양의 p-궤도가 혼합하여 형성된 혼성궤도의 모양은 다음과 같이 그림으로 나타낼 수 있는데, 이때 원자의 핵은 각 궤도의 중심(구의 중심과 곤봉모양의 가운데 마디 점)에 위치한다.

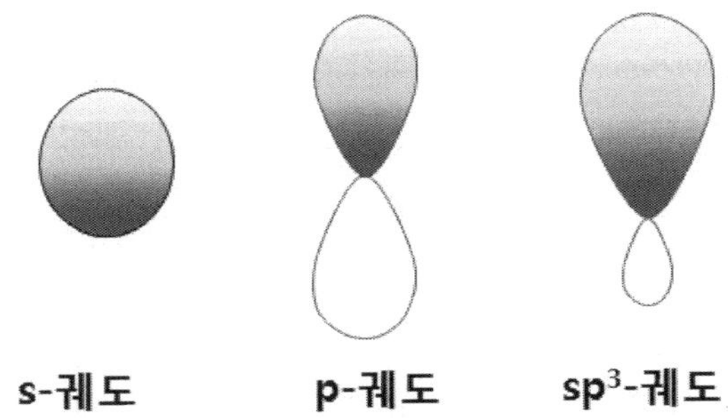


〈그림〉 s궤도, p궤도 및 혼성궤도

탄소원자에서의 $sp^3$-혼성궤도는 하나의 구형 s궤도와 공간상에서 서로 독립적으로 x축 y축 z축을 향한 세 개의 p-궤도($p_x$ , $p_y$ , $p_z$)가 혼합한 것이다.

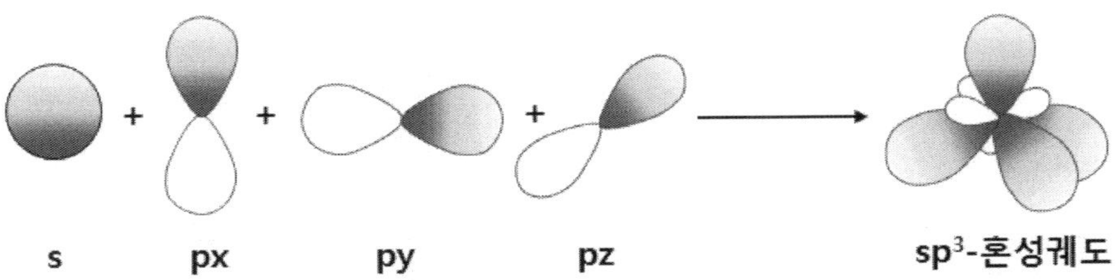


〈그림〉 탄소원자의 $sp^3$–혼성궤도 모형

그림에서 나타낸 것처럼 탄소원자 모형은 s-궤도 특성이 1/4, p-궤도특성이 3/4 혼합된 $sp^3$ −혼성궤도 네 개가 탄소원자 핵 주위에 위치하고, 각 $sp^3$ −혼성궤도에 탄소의 원자가 전자 네 개가 놓인 모양이다. 이 모형으로부터 탄소는 네 개의 동일한 결합을 형성할 수 있음을 설명할 수 있다. 공간상에서 네 개의 동일한 $sp^3$ −혼성궤도는 정사면체의 꼭지점을 향한다.

### (5) 탄소는 네 개의 결합을 한다.

주기율표에서 탄소원자는 2주기의 8개 주족 원소 중 비활성 원소인 $N_2$을 제외한 원소들의 가운데 위치하고 있다. 이는 탄소 편자가 전자를 받아들이거나 혹은 전자를 내주는 대신 전자를 공유하려는 경향이 큰 원소임을 의미한다. 이같이 탄소원자는 다른 원자들과 전자를 공유할 수 있을 뿐만 아니라, 같은 탄소 원자와 탄소-탄소 간 결합도 할 수 있기 때문에 수많은 화합물을 형성할 수 있다. 탄소원자가 다른 탄소 원자나 다른 원소의 원자와 결합할 때, 하나의 탄소 원자는 네 개의 결합을 형성 할 수 있다. 이것은 탄소원자 하나가 결합을 형성할 수 있는 네 개의 손을 가지고 있음을 의미하는 것으로 유기 화합물의 구성과 구조를 지배하는 규칙에 해당한다.

탄소 화학으로 대표되는 유기화학 화합물은 거의 제한 없는 탄소 간 결합을 통해 수 없이 많은 화합물을 이루는데, 그 구조는 사슬 모양, 고리 모양, 그물 구조 등 다양한 모습이다. 가장 중요하고 많은 결합은 C-C, C-H간 결합으로, 전기 음성도 차이가 적은 이 두 원소 사이의 결합에서 전하 분포는 원자 간 균형을 이룸으로써 비극성 결합을 형성한다. 네 개의 결합을 갖고있는 가장 간단한 탄소와 수소로 된 화합물은 $CH_4$, 메테인이며, 이는 가장 간단한 유기 화합물로써 탄소의 $sp^3-$혼성궤도에 있는 전자와 수소의 s궤도에 있는 전자가 공유결합을 형성한 것이며, 궤도 간 결합을 포함한 분자구조를 아래 그림과 같은 모형으로 그릴 수 있다.

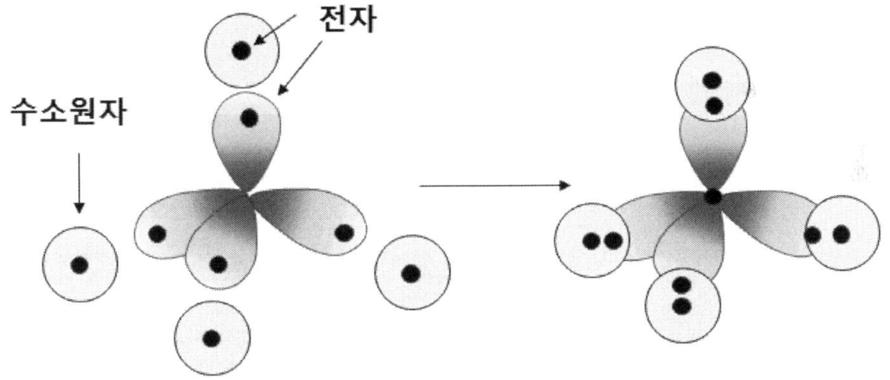


〈그림〉 네 개의 공유 결합을 한 메테인($CH_4$)의 입체 구조

유기화학에서 볼 수 있는 수없이 많은 유기화합물을 구별하여 표기하고 명명하는 방법을 이해하는 것이 필요하다. 유기화합물을 표기하는 방법은 탄소 수가 늘어나거나, 수소와 그 이외 다른 원소와 결합한 화합물을 원자 기호로 나타내는 화학식, 원자간 결합을 선으로 나타낸 구조식(케쿨레식), 각 치환기를 표

시하는 축소 구조식, 그리고 유기화학에서 사용하는 특징적인 방법으로 탄소 간 결합을 막대기로 나타내어 막대기 끝과 막대기 연결점에 탄소가 위치하고 탄소에 결합한 수소는 생략하는 막대 구조식 등이 있다. 탄소와 수소 이외의 원소가 함유되어 있는 경우엔 별도로 원자 기호를 표기하고, 원자가 결합을 직선으로 나타낸다.

**<화학식>** (1) $C_4H_{10}$ (2) $C_2H_5OH$ (3) $(C_2H_5)_3N$

**<케쿨레구조>**

(1) (2) (3)

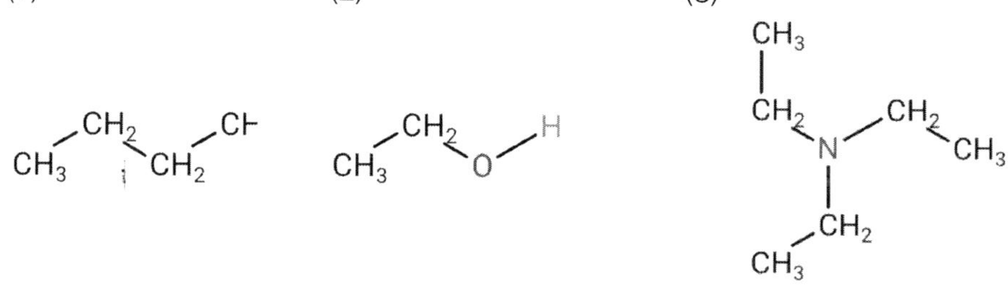


**<축소구조>**

(1) $CH_3CH_2CH_2CH_3$ (2) $CH_3CH_2OH$ (3) $(CH_3CH_2)_3N$

**<막대구조>**

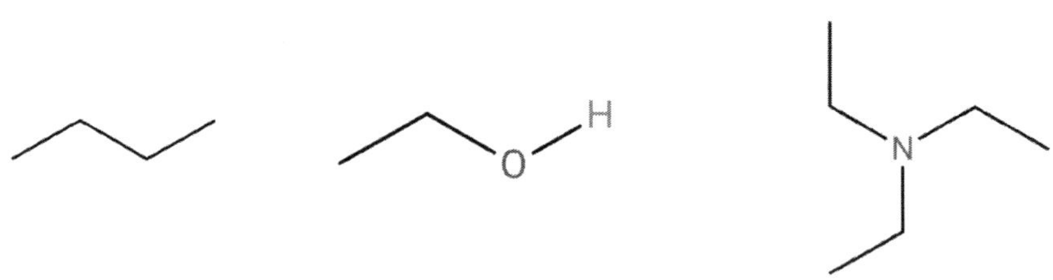


(1) 부테인(butane) (2) 에탄올(ethanol) (3) 트라이에틸아민(triethylamine)

**〈그림〉** 유기 화합물의 여러 가지 표기 방법

# 탄화수소 화합물 5.4

탄소와 수소만으로 구성된 유기화합물을 탄화수소(hydrocarbon)라고 한다. 탄화수소는 유기화학의 기본물질로서, 원유나 천연가스의 주 성분이며 연료로 이용되는 에너지 공급원으로 또는 다양한 유기 화학 합성의 원료로 사용되는 중요한 물질이다.

아래 그림은 탄화수소의 분류를 나타낸 것이다. 탄화수소는 지방족(aliphatic) 탄화수소와 방향족(aromatic) 탄화수소로 나뉜다. 지방족 탄화수소는 화합물의 구조에 따라 사슬형(가지가 없는 사슬형과, 가지가 있는 사슬형) 지방족 탄화수소와 고리형 지방족 탄화수소(alicyclic hydrocarbon)로 나눌 수 있다. 한편 분자 내의 탄소가 단일 결합만을 가지고 있는 포화탄화수소와 이중 결합 혹은 삼중 결합을 가지고 있는 불포화 탄화수소로 나눌 수도 있다. 방향족 탄화수소는 화합물의 모든 탄소가, $sp^2$ – 혼성 궤도를 가지고 있으며, 각 탄소의 혼성되지 않은 p-궤도에 위치한 전자는 모든 탄소에 균등하게 분포되어 있는 비편재화된 $\pi$-전자 (delocalized $\pi$-electron)인데, 방향족 탄화수소의 탄소 고리 수가 n일 때 4n+2개의 $\pi$-전자가 존재한다.

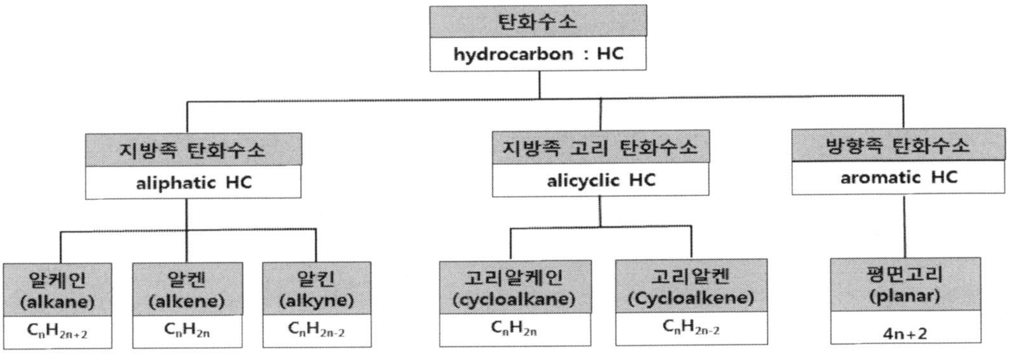


〈그림〉 탄화 수소 화합물의 분류

## 5.4.1 지방족 탄화수소

지방족 탄화수소(aliphatic hydrocarbon)는 모든 탄소가 네 개의 단일 결합만으로 이루어진 포화 지방족 탄화수소 계열인 알케인(alkane, 또는 알칸)과 불포화 지방족 탄화수소 계열로 이중 결합을 갖고 있는 알켄(alkene) 그리고 삼중 결합을 갖고 있는 알킨(alkyne)으로 나뉜다.

### (1) 알케인(alkane)

알케인은 단일 결합 만으로 이루어진 탄소-탄소 및 탄소-수소 결합을 갖고 있으며, 일반적인 화학식은 $C_nH_{2n+2}$로 여기서 n은 탄소의 갯수에 해당하는 자연수이다. 탄소 수 1개에서 10개에 해당하는 알케인의 이름은 다음과 같다.

다음의 표에 탄소 수에 따른 몇 개의 곧은 사슬 알칸(straight-chain alkane) 이름을 표기하였으나, 탄소수가 증가하고 가지 달린 탄화수소 화합물 등 수많은 유기화합물을 구별하기 위해서는 International Union of Pure and Applied Chemistry 위원회에서 고안한 체계적인 IUPAC 명명법을 사용하고 있다.

〈표〉 알케인 화합물의 명명법

| 탄소수 | 화학식 | 이름 | 영문명명 | 축소구조식 | *작용기명 (알킬치환체) |
|---|---|---|---|---|---|
| 1 | $CH_4$ | 메테인 | methane ; 다른이름- 메탄 | $CH_4$ | 메틸 |
| 2 | $C_2H_6$ | 에테인 | ethane ; 다른이름- 에탄 | $CH_3CH_3$ | 에틸 |
| 3 | $C_3H_8$ | 프로페인 | propane ; 다른이름- 프로판 | $CH_3CH_2CH_3$ | 프로필 |
| 4 | $C_4H_{10}$ | 뷰테인 | butane ; 다른이름- 부탄 | $CH_3(CH_2)_2CH_3$ | 뷰틸 |
| 5 | $C_5H_{12}$ | 펜테인 | pentane ; 다른이름- 펜탄 | $CH_3(CH_2)_3CH_3$ | 펜틸 |
| 6 | $C_6H_{14}$ | 헥세인 | hexane ; 다른이름- 헥산 | $CH_3(CH_2)_4CH_3$ | 헥실 |
| 7 | $C_7H_{16}$ | 헵테인 | heptane ; 다른이름- 헵탄 | $CH_3(CH_2)_5CH_3$ | 헵실 |
| 8 | $C_8H_{18}$ | 옥테인 | octane ; 다른이름- 옥탄 | $CH_3(CH_2)_6CH_3$ | 옥틸 |
| 9 | $C_9H_{20}$ | 노네인 | nonane ; 다른이름- 노난 | $CH_3(CH_2)_7CH_3$ | 노닐 |
| 10 | $C_{10}H_{22}$ | 데케인 | decane ; 다른이름- 데칸 | $CH_3(CH_2)_8CH_3$ | 데킬 |

* 작용기: 탄화수소 화학식에서 수소 하나를 떼어낸 구조의 결합군, 예: $CH_3-$, 메틸
* 알케인(alkane)의 작용기는 화합물 끝의 탄소에서 수소가 하나 떨어져 나간 구조로, 알킬 치환체(alkyl substituent)의 명명은 해당 알케인의 영문명 어미 –ane를 –yl로 바꾸어 쓰고, 알케인 작용기는 '알킬기'라 부르며 'R-'로 표기한다. R은 탄소 수가 하나인 경우, $CH_3-$로 표기하고 메틸기라고 명명하며 기타 탄소 수에 따라 해당 알케인의 어간을 따라 명명한다.

IUPAC 명명법에 따른 알칸 화합물의 체계적인 명명법은 다음과 같다.

① 탄소 간의 결합이 가장 긴 사슬(주사슬)의 탄소수가 알칸 화합물의 주된 이름이 된다.

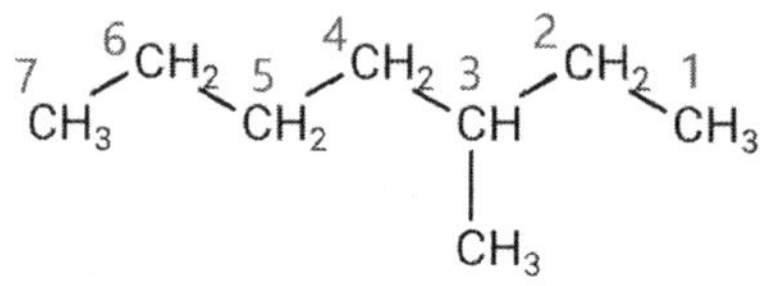

3-메틸헵테인(3-methylheptane)

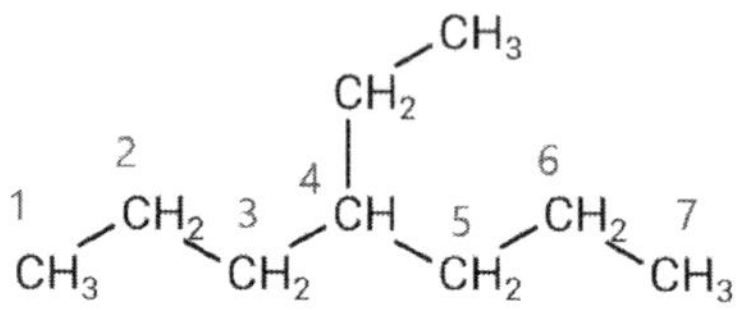

4-에틸헵테인(4-ethylheptane)

② 주사슬에 붙어있는 알킬 치환체나 작용기는 주 사슬 이름 앞에 탄소의 위치번호와 함께 쓰는데, 가장 작은 번호가 되도록 탄소사슬 번호를 붙인다.

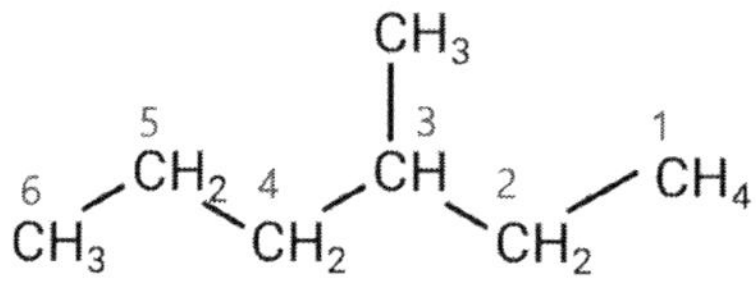

3-메틸헥세인(3-methylhexane)

③ 한 화합물 구조에 여러 개의 치환체가 있을 경우, 치환체는 영어 알파벳 순서대로 쓴다.

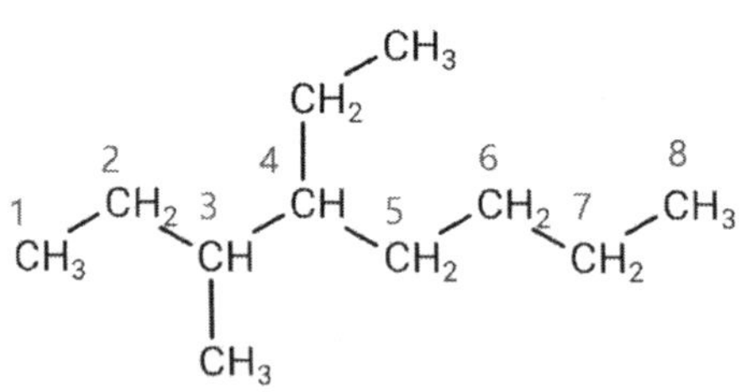

4-에틸-3-메틸옥테인(4-ethyl-3-methyloctane)

④ 같은 치환체가 2개 이상일 때 di, tri, tetra 등의 접두어를 쓰고, 각 치환체 위치는 숫자로 표시하되 콤마로 구별하며, 끝에 쓰는 치환체 번호가 적게 명명한다.

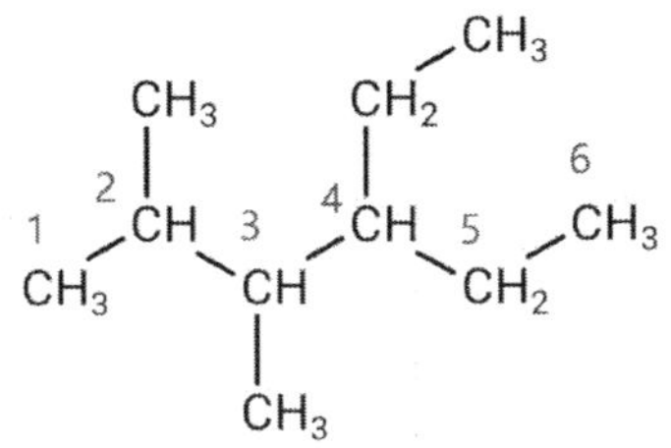

4-에틸-2,3-다이메틸헥세인(4-ethyl-2,3-dimethylhexane)

⑤ 서로 다른 치환체 위치가 사슬의 탄소번호 매김 방향에 따라 다를 경우 영어 알파벳이 빠른 치환체에 작은 번호가 오도록 명명한다.

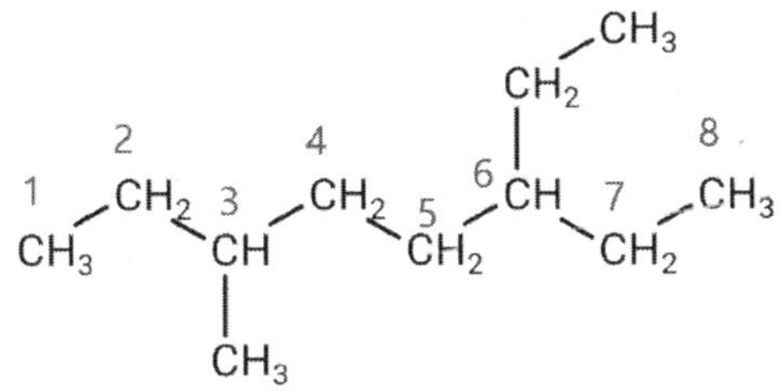

3-에틸-6-메틸옥테인(3-ethyl-6-methyloctane)

자연 중 알케인(alkane)이 주성분으로 들어있는 물질은 원유나 천연가스이며 이것은 에너지원으로뿐 아니라 수 많은 유기화학 물질을 합성하는 원료물질 이므로 경제적으로 매우 중요한 산업자원이다. 알케인은 직접 연료로 사용할 때의 연소반응과 특정한 조건에서의 몇 가지 반응 외에는 화학 반응성이 매우 낮은 물질인데, 이는 탄소-수소 결합이 비극성이고(결합에너지가 크고) 매우 안정하기 때문이며 탄소-탄소 결합 에너지는 조금 작으나 원소 주위의 많은 수소원자가 반응하려는 물질을 차단하며 알케인의 비활성이 유지된다.

### (2) 알켄(Alkene)과 알킨(Alkyne)

알켄은 탄소- 탄소 사이에 이중결합을 포함하고 있는 탄화수소이다. 알케인(alkane)의 모든 탄소가 단일 결합을 하고 탄소 간 결합(C-C) 이외의 모든 탄소가 수소로 포화되어(C-H 결합수가 최대인) 포화 탄화수소(saturated hydrocarbon)인데 반하여, 알킨(alkene)은 그 보다 적은 C-H 결합을 갖는(탄소가 결합할 수 있는 최대의 수소 수보다 적은 수소를 갖고 있는) 불포화 탄화수소(unsaturated hydrocarbon)이다.

대부분의 알케인이 화학반응 활성이 매우 적은 반면, 알켄은 화합물의 이중결합이 분자 내에서 반응의 중심이 되는 작용기가 되어, 생물계 등에서 중요한 반응을 수행한다.

알킨(alkyne)은 탄소-탄소 사이에 삼중결합을 가진 화합물이며, 화학반응은 알켄(alkene)과 매우 유사하다.

### (3) 사슬 지방족 탄화수소 와 고리 지방족 탄화수소

| 사슬 지방족 탄화수소 (aliphatic hydrocarbon) | 화합물의 예 | 출처 또는 용도 | 구조 (그림 번호) |
|---|---|---|---|
| 알케인 (alkane) | 메테인(methane) | • 천연가스 성분, 늪 가스 | 1 |
| | 에테인 (ethane) | • 천연가스 성분 | 2 |
| | 프로테인(propane) | • 천연가스 성분 대체 추진제 가스 | 3 |
| | 부테인 (butane) | • CFC 대체 냉매(butane/pentane) | 4 |
| 알켄 (alkene) | 에텐 (ethene) | • 관용명 - 에틸렌(ethylene)<br>• 열분해 가스<br>• 폴리에틸렌(polyethylene:PE)의 단위체<br>• 바나나 숙성제 | 5 |
| | 프로필렌(propylene) | • 열분해 기체<br>• 폴리프로필렌(polyprophlene:PP)의 단위체 | 6 |
| | 부타다이엔(butadiene) | • 합성 고무 제조 | 7 |
| | 이소프렌(isoprene) | • 천연고무의 기본물질 | 8 |
| 알킨 (alkyne) | 에틴 (ethyne) | • 관용명 - 아세틸렌(acetylene)<br>• 용접가스<br>• 비닐결합 합성물질 | 9 |
| 고리지방족 탄화수소 (alicyclic hydrocarbon) | 씨클로 헥세인 (cyclohexane) | • 용매 | 10 |
| | 피넨 (pinene) | • 씨클로알킨(cycloalkane)<br>• 테레빈유(turpentine oil, 소나무류에서 증류로 얻는 기름) 함유물질<br>• 숲 속 피톤치드 함유물질 | 11 |

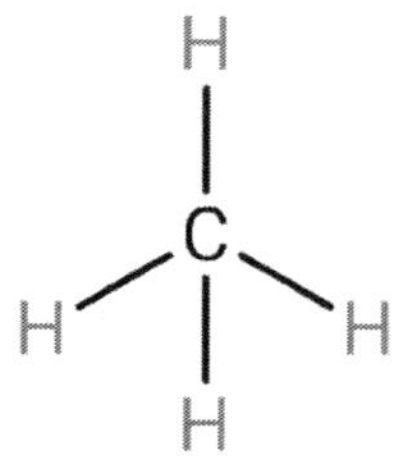

(1) 메테인

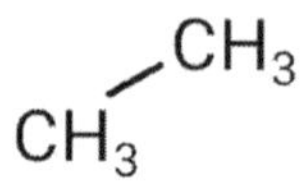

(2) 에테인

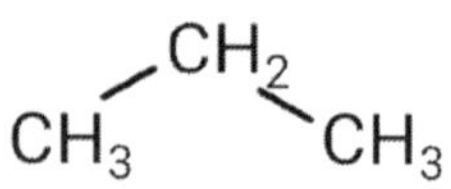

(3) 프로페인

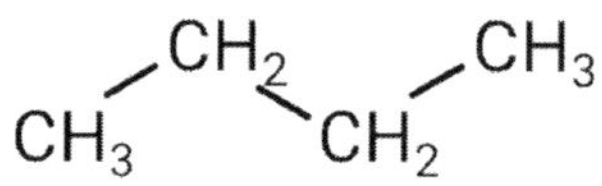

(4) 부테인

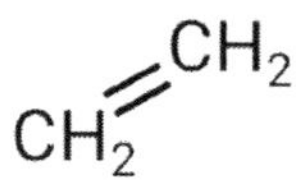

(5) 에텐

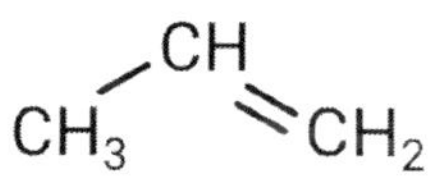

(6) 프로필렌

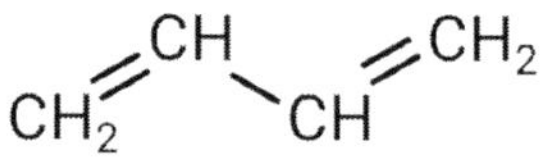

(7) 부타다이엔

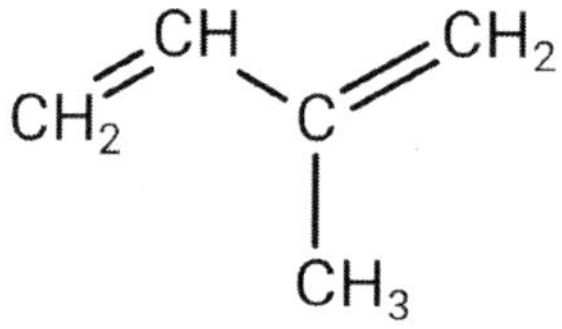

(8) 이소프렌

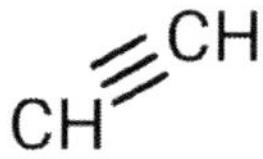

(9) 에틴

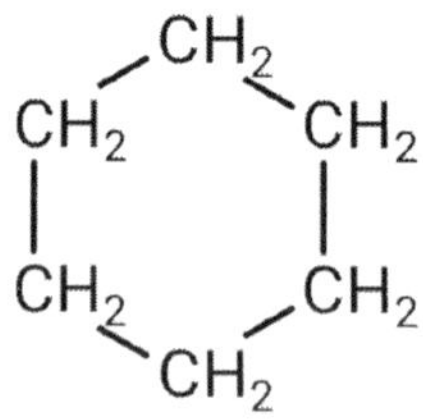

(10) 씨클로헥세인

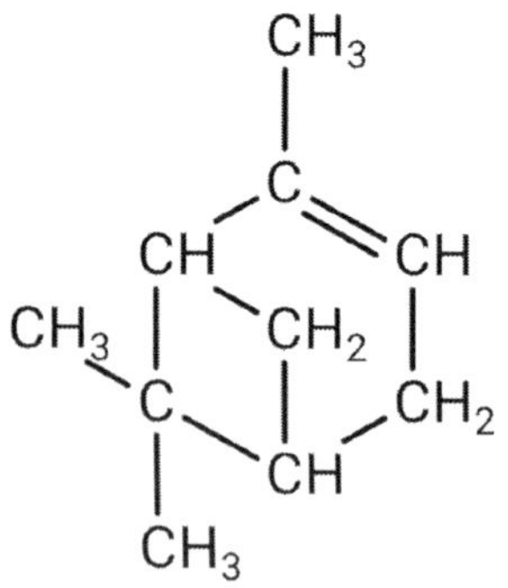

(11) 피넨

## 5.4.2 방향족 탄화수소

방향족 탄화수소(aromatic hydrocarbon)는 고리가 하나인 벤젠(benzene)을 기본으로, 여러 개의 벤젠 고리가 붙어서 연결된 다중 고리 방향족 탄화수소(PAH: poly aromatic hydrocarbon)에 이르기까지 많은 화합물이 있다. 이 물질의 특징은 화합물 내에 비편재화된 전자(delocalized electron)를 갖고 있는 것이다.

지방족 탄화수소의 결합 전자들은, 전자가 단일 원자에 속하거나 두 원자가 공유하여 결합을 형성하고 있는 구조로 전자들이 특정한 공간에 구속되어 있는, 편재화된 전자(localized electron) 상태이다. 한편 방향족 탄화 수소에는 전자들 중에서 특정한 원자에 구속되지 않고 3개 이상의 원자에 고르게 분포되어 있으면서 공유 결합을 형성하는 비편재화된 전자(delocalized electron)가 존재한다.

방향족 고리 결합 화합물은 에너지 면에서 좀 더 안정한 상태에 있는데, 이는 비편재화된 이중결합 전자($\pi$-전자)가 분자 전체에 균일하게 퍼져 분포하기 때문이다. 따라서 방향족 탄화수소는 화학반응을 잘 하지 않으며, 환경에 유입되면 오랫동안 잔류하게 된다. 방향족 탄화수소 화합물의 기본 구조를 갖는 대표적 화합물인 벤젠에 대해 알아본다.

### (1) 벤젠(benzene)의 특성

분자식이 $C_6H_6$인 벤젠은 매우 안정한 화합물이다. 오래 전부터 잘 알려진 화합물이었음에도 벤젠의 구조는 X-선과 전자회절법의 새로운 분석 기술이 발달한 1930년대에 확인되었다. 벤젠은 평면구조이고 6개의 탄소간 결합은 1.39Å으로 탄소 단일 결합 길이인 1.54Å 보다는 짧고 탄소간 이중결합, C=C 사이의 길이 1.33 Å 보다는 짧다. 6개의 탄소 간 결합 길이가 모두 같다는 것은 6개 탄소 원자들 사이 전자 수가 같아야 하고, 이는 6개 탄소의 p-궤도에 속한 6개 전자가, 2개씩 짝을 지어(6개 탄소) 에텐에서처럼 2개의 전자가 2개의 탄소 사이에만 편재화된 형태가 아니라, 6개의 전자가 고리 전체(6개 탄소) 에 고루 퍼져있다는, 즉 비편재화(delocalized) 개념으로 설명할 수 있다.

이와 같이 이루어진 벤젠의 구조를 좀더 자세히 살펴 보면 다음과 같다.

벤젠의 각 탄소는 모두 $SP^2$－혼성 궤도를 이루어, 한 탄소의 세 $SP^2$－ 혼성 궤도는 동일한 평면에서 120°결합각을 갖는 평면 삼각형 자리에 위치하고, 그 중 2개의 $SP^2$－ 혼성 궤도는 이웃하는 두개의 탄소의 $SP^2$－ 혼성 궤도와 겹치면서 공유 결합을 형성하여 정육각형을 이룬다. 이와 같은 벤젠 분자의 구조는 평면 정육각형 이다. 각 탄소원자의 혼성하지 않은 6개 p-궤도는 평면에 수직으로 나란히(평행) 위치하여 이웃하는 p-궤도와 측면 겹침을 형성한다($\pi$-결합). 이 p-궤도에 들어있는 6개의 전자들은 파이 전자($\pi$-electron)라고 하는데, 이 전자들은 특정 탄소에 속하지 않고, 6개의 탄소가 공유하고 있다. 즉 파이전자들은 비편재화되어, 탄소 원자가 결합해 형성한 고리(벤젠 골격) 아래 위에 마치 도넛 모양의 공간 속에 고르게 놓여있다. 비편재화된 전자를 갖고 있는 벤젠의 구조 표기는 이중결합과 단일 결합이 혼재된 공명 구조로 그리거나, 고리 내 점선으로 공명 혼성 구조를 표기하기도 한다.

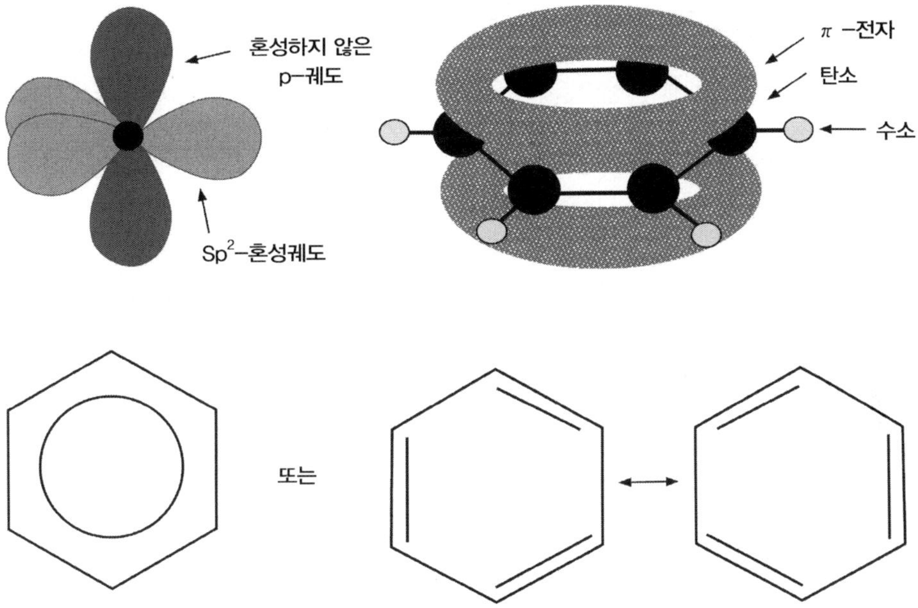


〈그림〉 벤젠의 결합 구조와 화합물 표기

어떤 유기 화합물이 방향족 탄화수소인지를 판별하는 법은 다음과 같다.

(가) 방향족 탄화수소의 분자 구조는 고리형을 갖춘 평면이어야 한다.

(나) 고리 안의 모든 원자가 평면에 수직인 p-궤도를 갖고, 각 p-궤도는 이웃하는 p-궤도와 겹침이 일어나, 평면 위와 아래에 π-전자 구름을 형성해야 한다.

(다) π-전자 쌍의 수는 홀수, 즉 π-전자 수는 6, 10, 14… 이어야 한다. 이는 단일 고리 탄화수소 뿐 아니라 다중 고리 탄화수소가 방향족인지 판단하는데도 적용되는데, π-전자 쌍이 5개인 나프탈렌(naphthalene), 7개인 안트라센(anthracene) 등은 방향족 탄화수소이다.

### (2) 방향족 탄화수소 화합물

아래 표에 단일 고리 방향족 탄화수소와 다중 고리 방향족 탄화수소 화합물 의대표적 예와 용도를 기술하고 각 화합물의 구조를 표기하였다.

| 방향족 탄화수소 aromatic hydrocarbon | 화합물의 예 | 출처 또는 용도 | 구조 (고리 번호) |
|---|---|---|---|
| 단일 고리 방향족 탄화수소 (monocyclic aromatic hydrocarbon) | 벤젠 (benzene) | • 용매, 고급휘발유 첨가제 발암성 | (1) |
| | 톨루엔 (toluene) | • 용매<br>• IUPAC-methyl benzene | (2) |
| | 자일렌 (Xylene) | • 용매, 고급휘발유 첨가제<br>• IUPAC-dimethyl benzene | (3) |
| | 스티롤 (styrol) | • 폴리스티렌(polustyren:PS)의 단위체<br>• IUPAC-ethenyl benzene | (4) |
| 다중 고리 방향족 탄화수소 (poly cyclic aromatic hydrocarbon) | 나프탈렌 (naphthalene) | • 구충방향제<br>• 염료, 의료, 농약(예: 살충제 카바린) 원료 | (5) |
| | 안트라센 (anthracene) | • 대표적 다중고리탄화수소 (poly aromatic hydrocarbon: PAH)<br>• 염료원료 | (6) |
| | 3,4-벤조피렌 (3,4-benzopyrene) | • 불완정연소로 생기는 물질 바비큐, 훈제 식품<br>• 공장 · 자동차 배출가스 발암성 Benzo(a)pyrene | (7) |

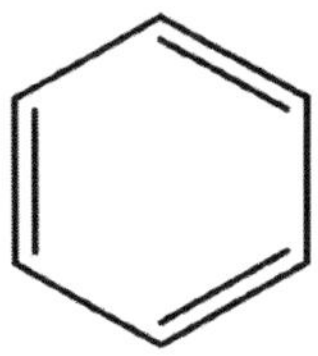

(1) 벤젠(benzene)

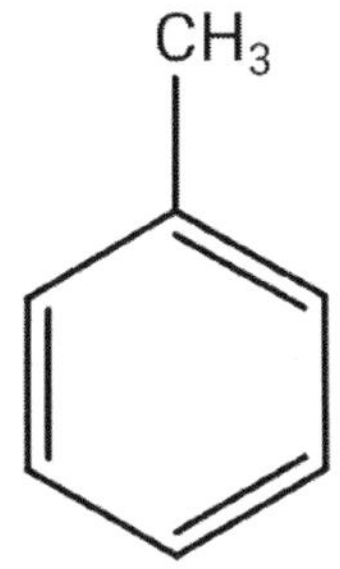


(2) 톨루엔(toluene)

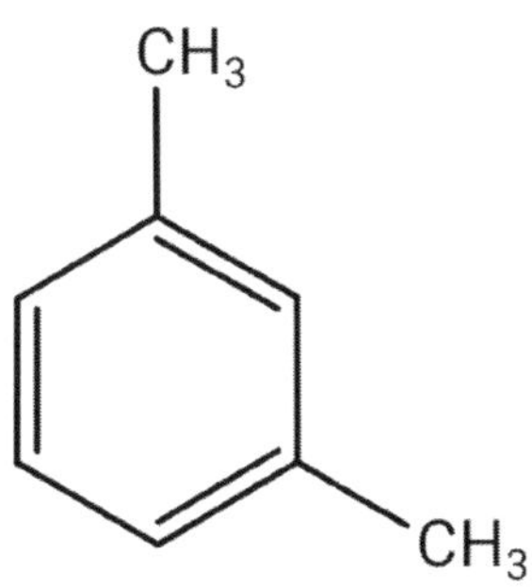


(3) 자일렌(xylene)

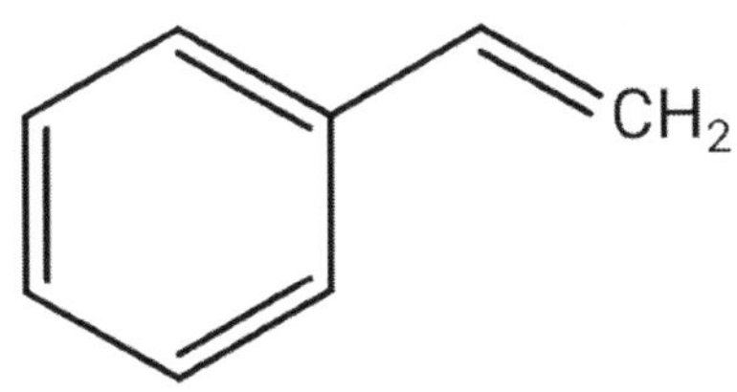


(4)스티롤(styrol)

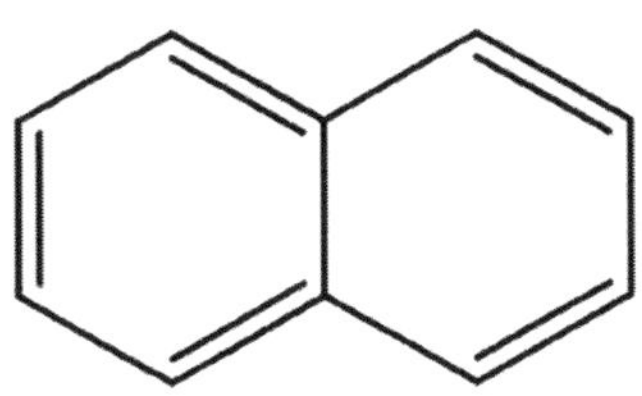

(5) 나프탈렌(naphthalene)

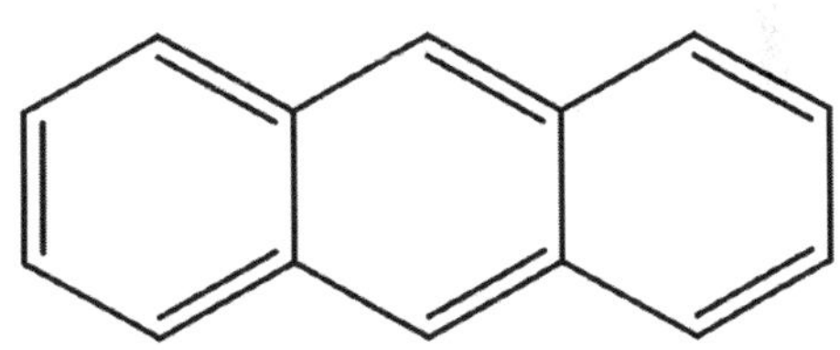

(6) 안트라센(anthracene)

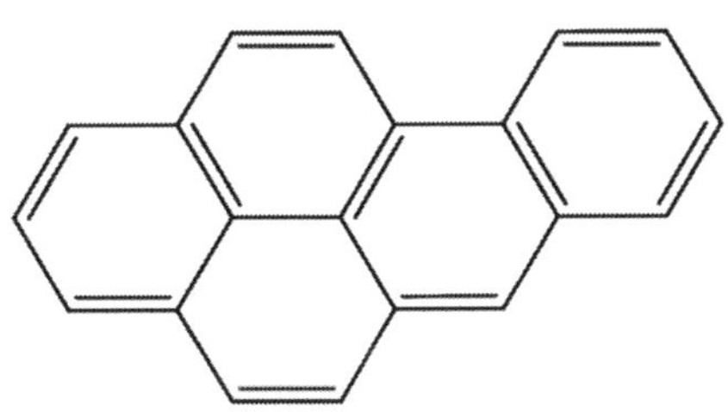

(7) 3,4–벤조피렌(3,4–benzopyrene)

## 5.4.3 산소를 포함한 유기 화합물

산소를 포함한 유기 화합물 작용기에는 알코올(alcohol)기, 이써(ether)기, 카르보닐(carbonyl)기가 있으며, 카르보닐기에 속하는 작용기는 알데히드(aldehyde)기, 케톤(ketone)기, 카르복실산(carboxylic acid)기, 에스터(ester)기가 있다.

### (1) 알코올(alcohol)

지방족 혹은 방향족 탄화수소(R로 표기)에 -OH기(hydroxyl group)가 결합된 R-OH 구조의 화합물로, R은 여러 가지 지방족 탄화수소 혹은 방향족 탄화수소의 유도체가 된다. 아래 표에 알코올 화합물의 대표적 예와 특성을 기술하고 화합물의 구조를 표기 하였다.

| 작용기 | 화합물의 예 | 특성과 응용 | 구조 (그림번호) |
|---|---|---|---|
| 알코올 R-OH | 메탄올 (methanol) | • 메틸알코올(methyl alcohol)<br>• 독극성 용매 | (1) |
| | 에탄올 (ethanol) | • 메틸알코올<br>• 유용한 용매, 술 | (2) |
| | 글리콜 (glycol) | • 2가 알코올, 흡습성<br>• 서리방지제, 플라스틱 연화제 | (3) |
| | 글리세린 (glycerin) | • 3가 알코올, 관용명-글리콜<br>• 습윤크림, 화장품 원료 | (4) |
| | 페놀 (phenol) | • benzyl alcohol<br>• 소독제-상품명 리솔 Lysol<br>• 수지(resin), 염료, 의약품 및 농약(예; PCP) 원료 | (5) |
| | 비스페놀 A | • 폴리카보네이트 성분 | (6) |

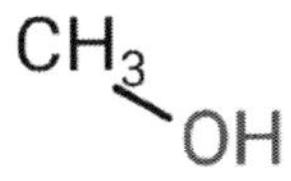

(1) 메탄올

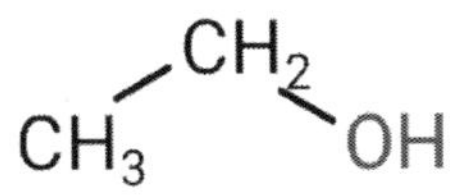

(2) 에탄올

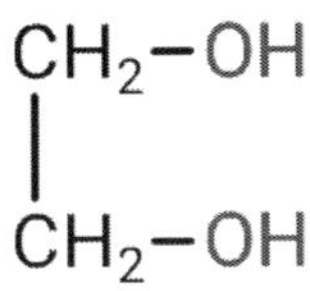

(3) 글리콜

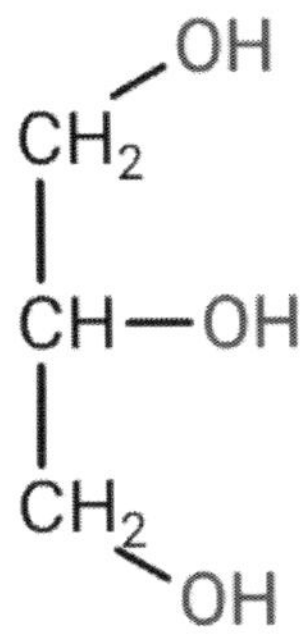

(4) 글리세린

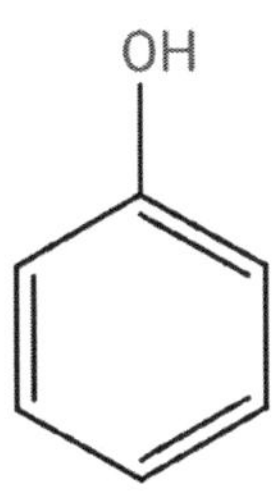

(5) 페놀

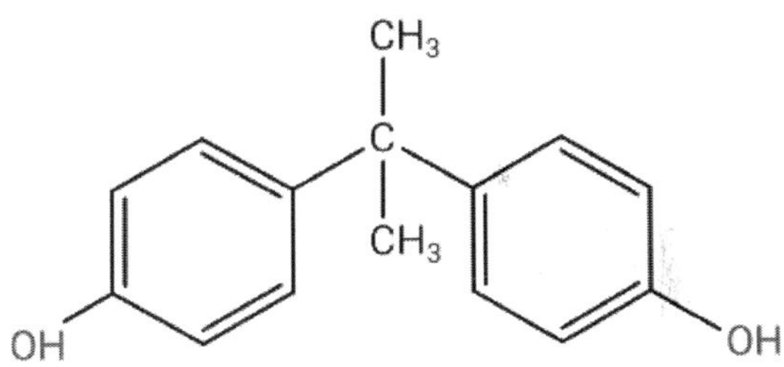

(6) 비스페놀 A

### (3) 이써(ether: 관용명–에테르)

산소 원자를 가운데 두고 양 옆에 지방족 탄화수소 혹은 방향족 탄화수소기(작용단을 R로 표기)가 결합된 R-O-R 혹은 R-O-R' 구조의 화합물이다. 모든 에테르는 장기간 보존할 때 유의해야 하는데, 특히 빛이 있는 곳에서는 막힌 용기 속에서도 폭발성 과산화물(peroxide), R-O-O-R 혹은 R-O-O-R', 을 생성할 수 있다. 다음 표에 이써 화합물의 대표적 예와 특성을 기술하고 화합물의 구조를 표기 하였다.

<table>
<tr><th>작용기</th><th>화합물의 예</th><th>특성과 응용</th><th>구조<br>(그림번호)</th></tr>
<tr><td rowspan="5">지방족<br>탄화수소<br>이써</td><td>디에틸이써<br>(diethyl ether)</td><td>• 저온 발화성의 중요 용매<br>• 마취제</td><td>(1)</td></tr>
<tr><td>에틸렌 옥시드<br>(ethylene oxide)</td><td>• 고리형 에테르<br>• 가장 간단한 에폭시드(epoxide)<br>• 폴리에스테르 합성 시 성분</td><td>(2)</td></tr>
<tr><td>메틸-t부틸이써<br>(methyl-t-butylether)</td><td>• 약어 MTBE, 생물 분해가 어려움<br>• 가솔린 첨가제</td><td>(3)</td></tr>
<tr><td>테트라 하이드로퓨란<br>(tetra hydrofuran)</td><td>• 용매(약어: THF)<br>• 셀룰로스 산업의 폐기물</td><td>(4)</td></tr>
<tr><td>다이옥산<br>(dioxane)</td><td>• 2개의 에테르기가 들어있는 고리형 화합물 성분<br>• 다목적 용매, 화장품 제조의 미량 잔류 성분<br>• 발암성 의심(이름 때문에 가끔 다이옥신(dioxin)과 혼동)</td><td>(5)</td></tr>
<tr><td rowspan="2">방향족<br>탄화수소<br>이써</td><td>다이옥신<br>(dioxin)</td><td>• 치환기를 지닌 불포화 다이옥산 유도체</td><td>(6)</td></tr>
<tr><td>다이벤조퓨란<br>(dibenzofuran)</td><td>• 치환기를 지닌 불포화 퓨란 유도체</td><td>(7)</td></tr>
</table>

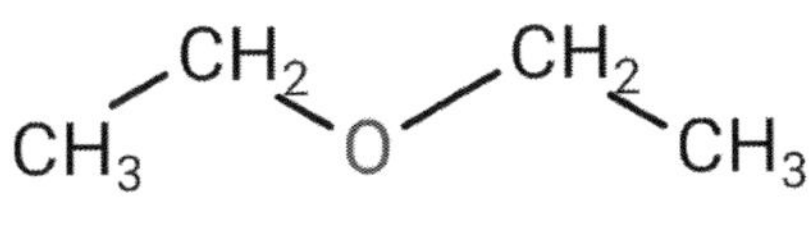

(1) 이써

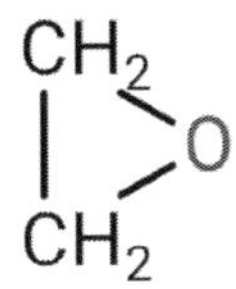

(2) 에틸렌 옥시드

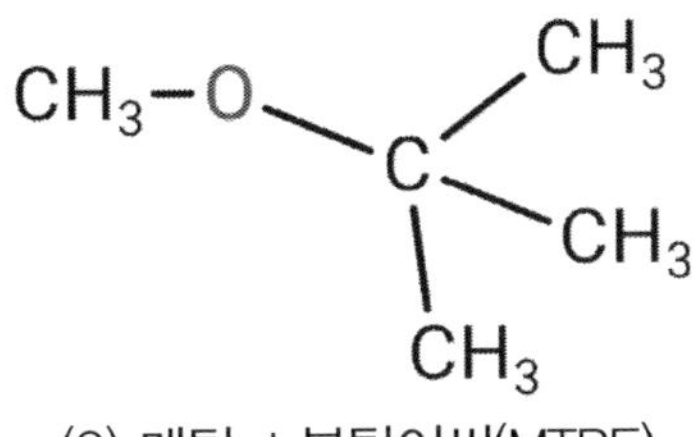

(3) 메틸–t 부틸이써(MTBE)

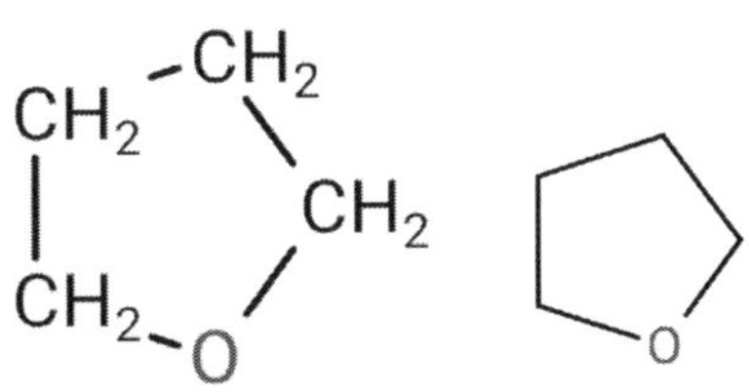

(4) 테트라 하이드로퓨란 (THF)

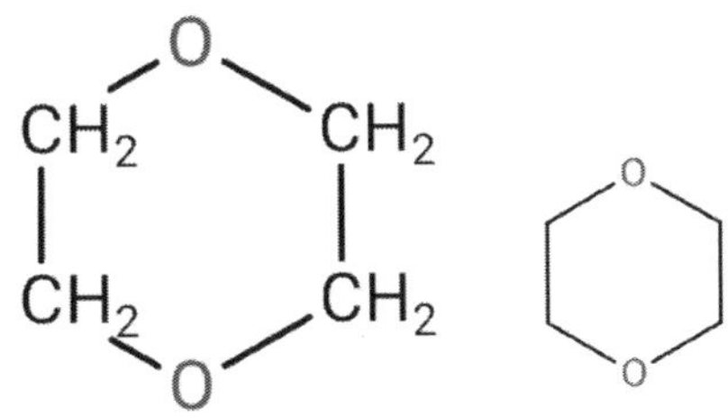

(5) 다이옥산

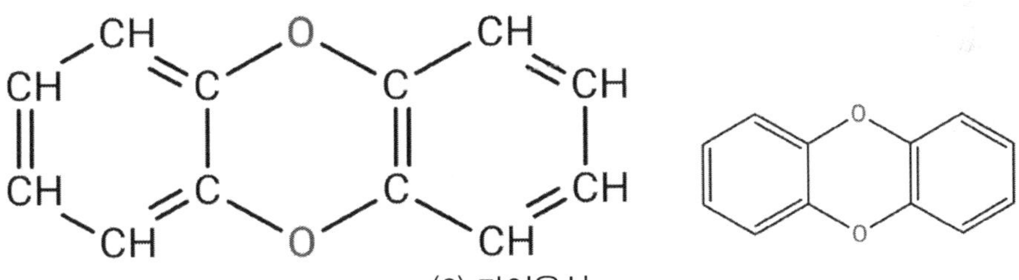

(6) 다이옥신

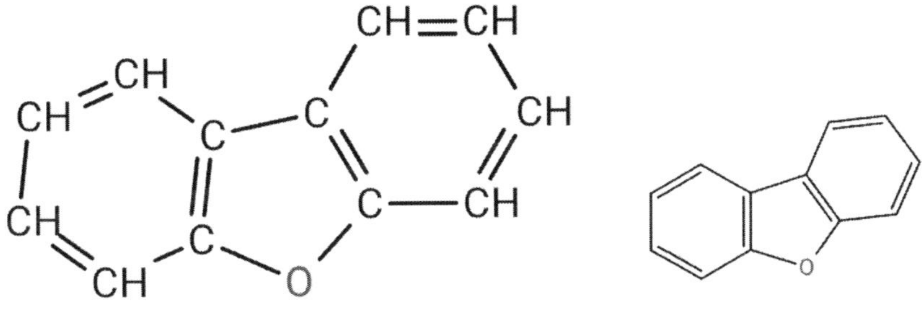

(7) 다이벤조퓨란

### (4) 카르보닐(carbonyl)

카르보닐기는 화합물 내에 $-\overset{O}{\overset{\|}{C}}-$ 반응단을 갖고 있다. 이 카르보닐기는 $-\overset{O}{\overset{\|}{C}}-$ 에 결합된 원자나 원자단에 따라 더 분류할 수 있는데 알데히드(aldehyde)기, 케톤(ketone)기, 카르복실산(carboxylic acid)기, 에스터(ester)기가 등이 그것 이다. 다음 표에 이 구별된 작용기 들을 나타내고 대표적 화합물과 그의 특성 그리고 화합물의 구조를 표기하였다.

| 작용기 | 화합물 | 특성과 응용 | 구조 (그림번호) |
|---|---|---|---|
| 알데하이드 (aldehyde) 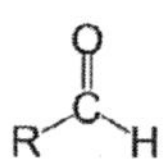 | 포름알데히드 (formaldehyde) | • 합성물질 속에 든 반응성이 큰 화합물<br>• 목재 접착제 등, 알레르기 유발 | (1) |
| | 벤즈알데히드 (benzaldehyde) | • 아몬드향<br>• 유기 가열이나 자동차 연소 발생물질 | (2) |
| 케톤(ketone) 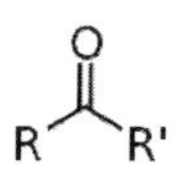 | 아세톤 (acetone) | • dimethyl keton<br>• 중요한 페인트 용매<br>• 매니큐어 제거제 냄새 | (3) |
| 카르복실산 (carboxylic acid) 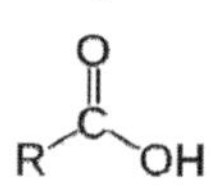 | 개미산 (formic) | • 자극성 냄새<br>• 석회 제거제 성분 | (4) |
| | 아세트산 (acetic acid) | • 탄소가 2개인 산, 초산<br>• 식품 | (5) |
| | 부티르 산 (butyric acid) | • 탄소가 4개인 유기산<br>• 상한 버터 냄새 | (6) |
| | 지방산 (oilic acid) | • 불포화 지방산의 예 | (7) |
| | 벤즈산 (benzoic acid) | • 방향족 고리 포함 화합물<br>• 의약품이나 보존제(살균제)의 원료 | (8) |
| 에스터(ester) 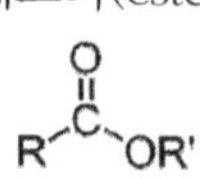 | 프탈산 에스터 (phthalic acid ester) | • 프탈산 유도체<br>• 플라스틱 가소제 | (9) |

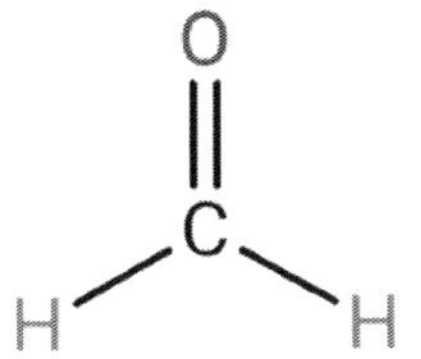

(1) 포름알데히드

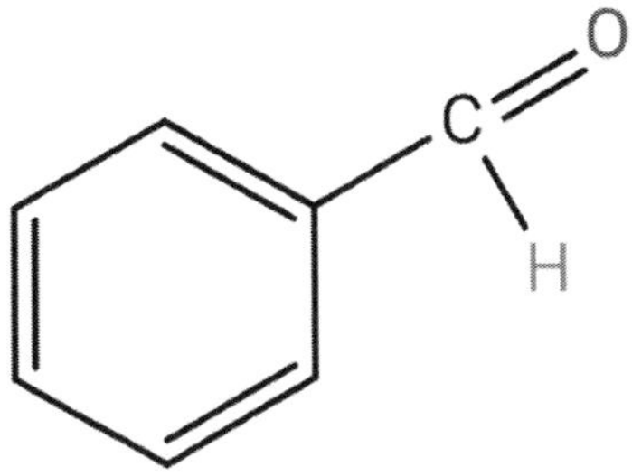

(2) 벤즈알데히드

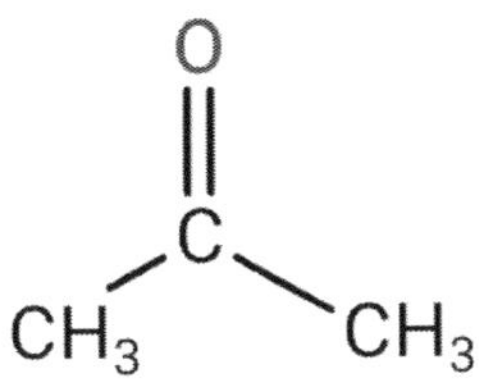

(3) 아세톤

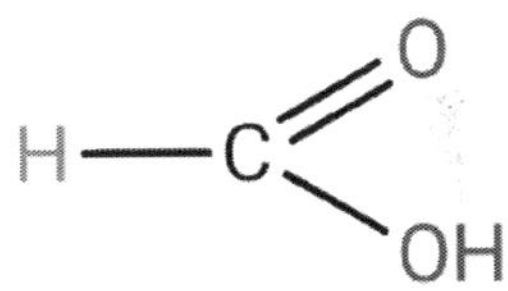

(4) 개미산

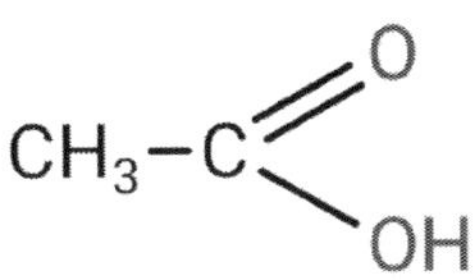

(5) 아세트산

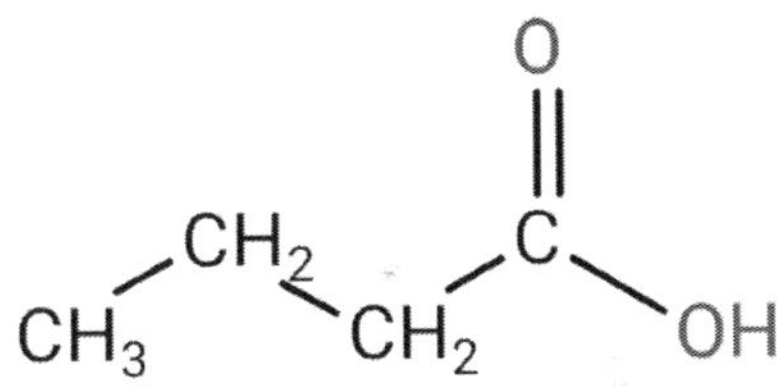

(6) 부티르산

$CH_3{-}(CH_2)_7{-}CH{=}CH{-}(CH_2)_7COOH$

(7) 올레익산

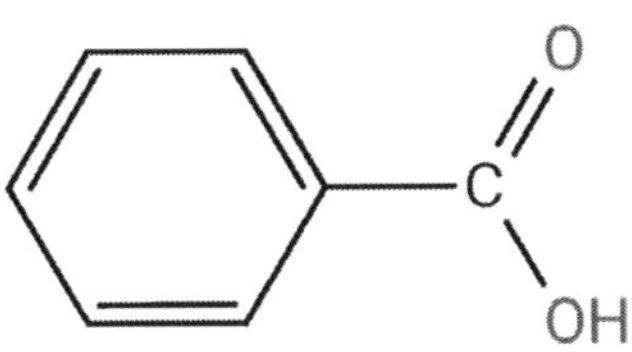

(8) 벤즈산

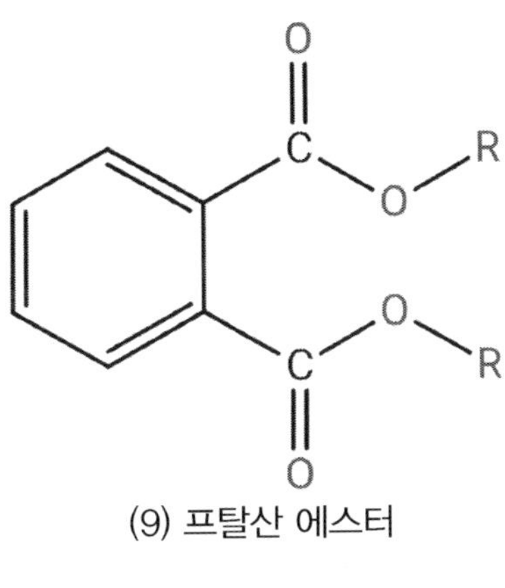

(9) 프탈산 에스터

## 5.4.4 질소를 포함한 유기 화합물

유기 화합물 분자 내에 질소를 함유하는 대표적인 작용기는 아민(amine), 아마이드(amide), 나이트릴(방향족일 경우 나이트로) 등이 있다. 아래에 질소 원자를 함유하는 유기 화합물 작용기를 표시하고, 해당 작용기를 갖는 대표적 화학물질과 그의 특성을 기술하고 각 화합물의 구조를 기술 하였다.

| 작용기 | 화합물 | 특성과 응용 | 구조 (그림번호) |
|---|---|---|---|
| 아민 (amine) $R-NH_2$ | 아닐린 (aniline) | • 일차 아민($R-NH_2$)<br>• 염료 산업 원료 | (1) |
| | 다이메틸아민 (dimethyl amine) | • 이차 아민(R, R-NH)<br>• 채소 등 환경시료 함유 물질 | (2) |
| | 메틸다이에탄올 아민 (methyl diethanol amine) | • 약어(MDEA), N-methyldiethanol amine<br>• 3차 아민<br>• $CO_2$, $H_2S$ 가스포집 물질 | (3) |
| 아마이드 (amide) 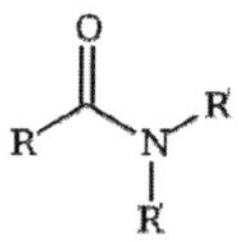 | 요소 (urea) | • 최초 합성 유기 화합물<br>• 오줌, 합성 비료, 합성 수지 성분 | (4) |
| | 펩타이드 결합 (peptide) | • 단백질 기본 단위인 아미노산 (amino acid)들 사이의 결합 | (5) |
| 나이트로 (nitro) | 트라이나이트로 톨루엔 (trinitrotoluene) | • 약어: TNT<br>• 폭발물 제조 원료 | (6) |
| 나이트로사민 (nitrosamine) | N-나이트로소다이메틸아민 (N-nitrosodimethylamine) | • N-나이트로소 화합물 (R - N - N = 0)<br>• 약어: NDMA 로켓 연료, 식품 속 물질_발암성 | (7) |

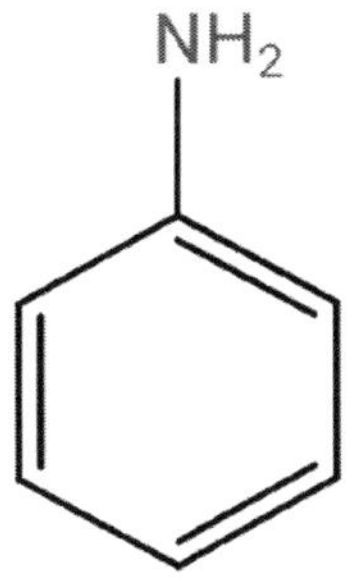
(1) 아닐린

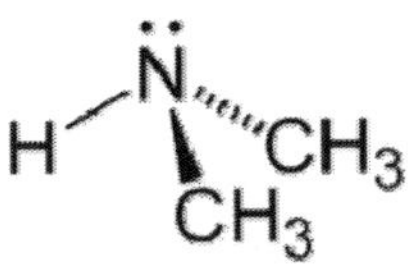
(2) 다이메틸아민

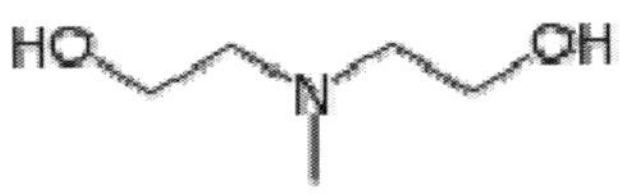
(3) 메틸 다이에탄올 아민

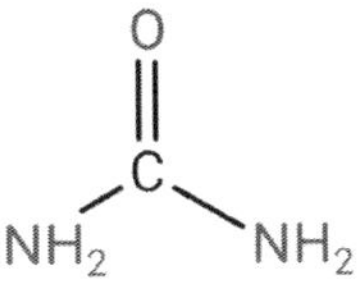
(4) 요소

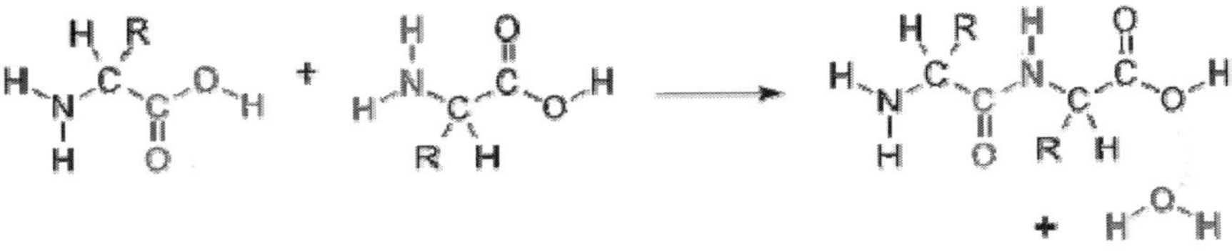
(5) 펩타이드 결합

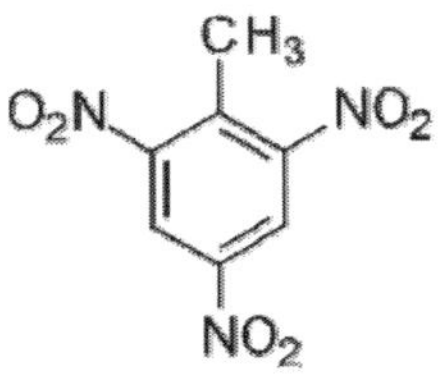
(6) 트라이 나이트로 톨루엔

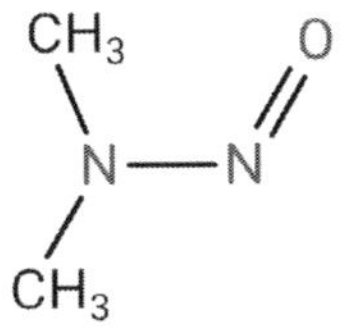
(7) N-나이트로소다이메틸아민

## 5.4.5 할로젠을 포함한 유기화합물

유기 화합물 중 할로젠 원소를 포함하는 물질들은 일반적으로 화학적 성질이 우수하여 여러 산업에서 용도에 따라 다양한 물질이 합성되어 사용되고 있다. 할로젠 화합물 중에는 직접 인체나 환경에 영향을 끼치는 물질들도 많기 때문에 환경 연구자들에게 할로젠 화합물의 위치는 특별하다고 할 수 있다. 다음 표에 포화 또는 불포화 지방족 탄화수소 그리고 방향족 탄화수소에 할로젠이 치환된 화합물의 특성 그리고 그 구조를 기술하였다.

| 기본물질 | 화합물 | 특성 및 용도 | 구조 (그림번호) |
|---|---|---|---|
| 메테인 유도체 | 클로로포름 (chloroform) | • 마취성 용매<br>• 발암성 | (1) |
| | 사염화탄소 (tetrachloro methan) | • 세탈 용매<br>• 발암성 | (2) |
| | CFC-12 | • dichlorodifluoro methane<br>• 대표적 염화불화탄화수소(CFC) | (3) |
| 불포화 지방족 탄화수소 유도체 | 트라이클로로 에틸렌 (trichloro ethylene) | • 약어: TCE<br>• 산업용 용매 | (4) |
| | 비닐 클로라이드 (vinyl chloride) | • PVC 단위체 | (5) |
| 방향족 탄화수소 유도체 | 헥사클로로 벤젠 (hexachloro benzene) | • 약어 HCD<br>• 다이옥신 함량의 지표물질 | (6) |
| | 펜타클로로 벤젠 (pentachloro benzene) | • PCP, 목재 보존재 성분 물질 | (7) |
| | DDT | • dichloro diphenyl trichloro ethane<br>• 살충제, 레이첼 카슨의 "침묵의 봄" | (8) |

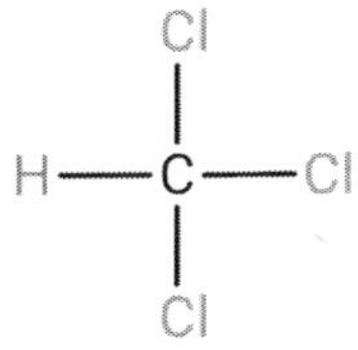


(1) 클로로포름

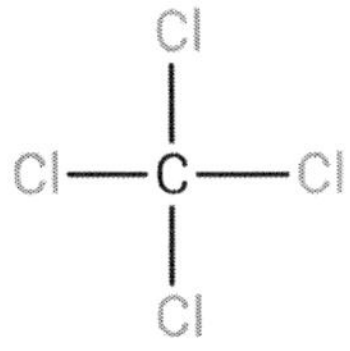


(2) 사염화탄소

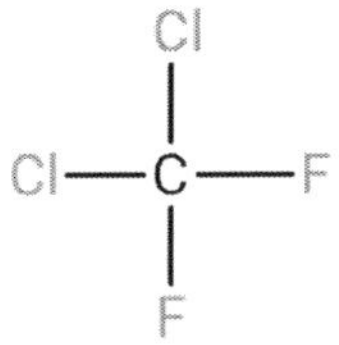


(3) CFC−12

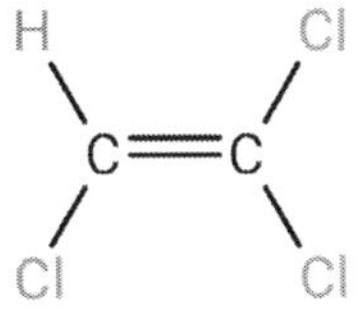


(4) 트라이클로로 에틸렌

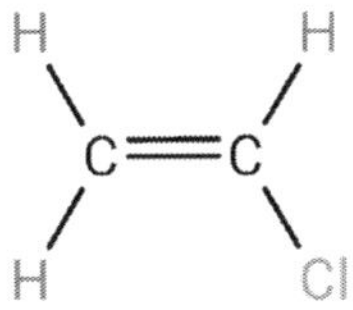


(5) 비닐 클로라이드

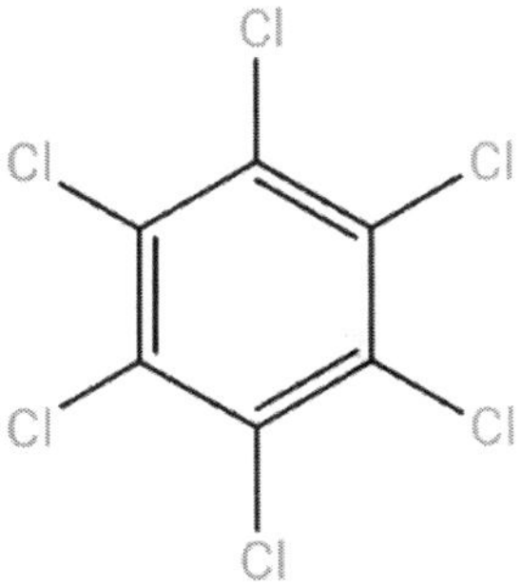


(6) 헥사클로로 벤젠

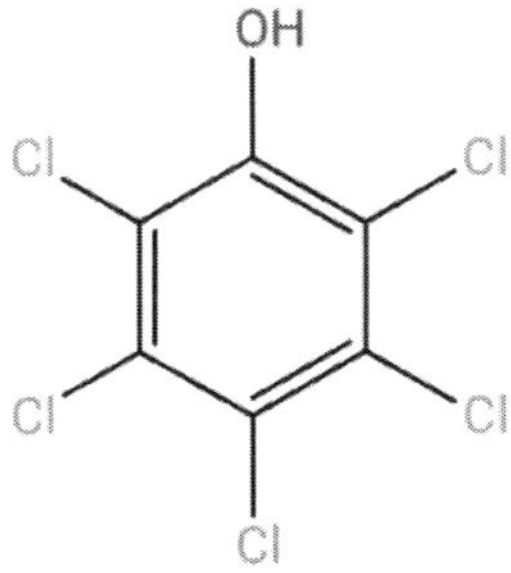


(7) 펜타클로로 벤젠

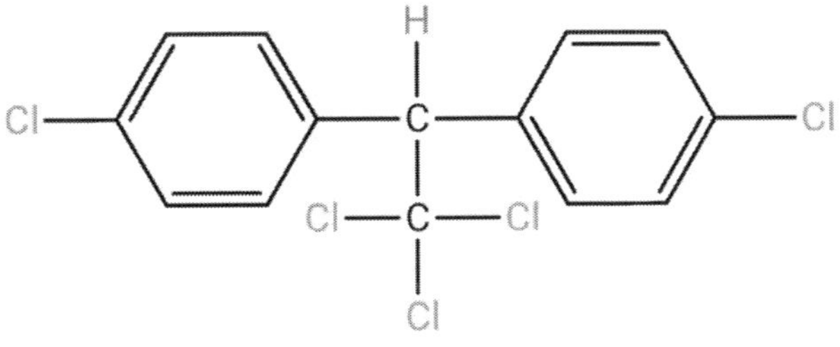


(8) DDT

## 5.5 잔류성 유기오염물질

우리나라 환경부의 잔류성 유기오염물질(POPs: persistent organic pollutants) 관리법 제2조(정의)에 따르면 잔류성 유기오염물질은 독성을 지닌 화학물질로 장기간 환경에서 분해되지 않고 머무르면서 생물체에 농축되며 대기와 물을 통한 장거리 이동(메뚜기 효과: grasshopper effect)으로 배출원과 멀리 떨어진 곳에서도 검출되는 특성을 띄는 물질을 일컬으며, 지속성 유기 오염 물질이라고도 한다.

이와 같이 독성, 잔류성, 생물 농축성 및 장거리 이동 특성을 지니는 잔류성 유기 오염물질(POPs)로부터 인간의 건강과 환경을 보호하고자 하는 움직임이 UNEP에 의해 주도되었다. 1997년 부터UNEP 집행 이사회는 POPs를 규제하는 국제 협약을 제정하기 위한 정부 간 협상 위원회(Intergover nmental Negotiating committee: INC)를 개최하여 하고 5차례의 회의 결과, 2001년 5월 22일 잔류성 유기오염물질을 규제하는 스톡홀름 협약(Stockholm convention on Persistent Organic Pollutants)을 채택하였다.

스톡홀름 협약은 POPs를 저감하되 궁극적으로는 배출 자체를 금지하려는 것으로, 제품 생산 과정에서 원료로 사용하거나 최종 제품으로 생산되는 aldrin, chlordane, dieldrin, endrin, mirex, hepatachlor, heptachlor, toxaphene, DDT, HCB, PCBs(10종)의 경우는 제조 및 사용을 금지하거나 불가피한 경우에 한하여 사용하도록 제한하고 있다. 그리고 소각 시설이나 산업 공정 등에서 발생하는 dioxins, furans, HCB, PCBs 배출의 저감 및 근절을 위해 최적 가용 기술(BAT: best available techniques)과 최적 환경 관리 방안(BEP: best enviro nmental practices)을 적용하도록 하고 있다.

우리나라는 2007년 1월 스톡홀름 협약을 비준하였다. 비준 당사국은 스톡홀름 협약에 근거하여 의무를 이행하기 위한 국가 이행 계획서를 작성하여 비준 후 2년 이내에 협약 사무국에 제출하도록 규정되어 있다. 그에 따라 우리나라는 POPs 측정망, POPs 농약류 근절 이행 계획, POPs 함유 폐기물 및 기기 근절 이행계획, 비의도적 POPs 저감 이행 계획 및 추가되는 POPs의 관리 계획 등을 포함하는 국가 이행 계획서를 마련하였다.

이와 같이 국가가 관리하는 잔류성 유기오염물질이 생태계에 끼치는 영향이 다각적으로 보고되어 왔는데, 이 POPs 물질 특성은;

- 낮은 농도로도 인간이나 동물에 독성을 나타낸다.
- 물리적, 화학적, 생물학적 분해가 잘 일어나지 않고, 환경에 장기간 잔류한다.
- 물에 대한 용해도가 낮고 높은 지용성으로 인해 생물의 지방에 잘 농축되며, 먹이 사슬을 통해 상위 단계 생물에 고농도로 농축됨으로써 인간에게 큰 영향을 끼칠 수 있다.
- 일부 휘발성을 띄기도 하며 물과 대기를 매체로 장거리 이동을 하여 오염 배출원과 떨어진 비오염지역, 예를 들어 극지방에서도 검출된다.

이러한 POPs가 생물계에 끼치는 영향은 생물 재생산의 실패로 인한 개체수 감소, 비정상적인 갑상선 기능과 다른 호르몬계의 역기능, 성의 변화, 면역체계 위협, 종양과 암 발생, 신경 이상 수유 기간 단축 등 다양한 현상이 관찰, 보고되고 있다.

POPs와 같은 유해 화학 물질을 관리하기 위해 우리나라에서는 1990년에 유해오염물질 관리법을 제정, 공포하여 유해 화학 물질을 관리하고 있으며 2007년 스톡홀름 협약 비준에 따라 잔류성 유기오염물질 관리법을 제정, 공포하였다. 현재 POPs에 관한 규제는 여러 부처가 소관 업무에 따라 관리 및 규제를 시행하고 있다. 대표적 POPs 물질과 물질을 규제하는 법규를 표에 나타내었다.

〈표〉 국내의 잔류성 유기오염물질의 규제

| POPs | 해당법규 | 규제내용 | 년도 |
|---|---|---|---|
| 알드린 | 유해물질법 | 취급제한 | |
| | 농약법 | 금지 | 1970 |
| 디엘드린 | 유해물질법 | 취급제한 | |
| | 농약법 | 금지 | 1969 |
| 엔드린 | 유해물질법 | 취급제한 | |
| | 농약법 | 금지 | 1969 |
| 클로로단 | 유해물질법 | 취급제한 | |
| | 농약법 | 금지 | 1969 |
| 헵타크로르 | 유해물질법 | 취급제한 | |
| | 농약법 | 유제: 금지 | 1970 |
| | | 분말: 금지 | 1979 |
| DDT | 유해물질법 | 금지 | 1991 |
| | 농약법 | 수제: 금지 | 1969 |
| | | 유제 · 수화제: 금지 | 1971 |
| 톡사펜 | 유해물질법 | 금지 | 1991 |
| | 농약법 | 금지 | 1982 |
| PCBs | 유해물질법 | 금지 | 1996 |
| | 폐기물관리법 | 지정폐기물 | |
| | 전기설비기준령 | 전지제품에 사용금지 | 1979 |
| | 토양보전법 | 30 ppm 초과시 토지사용 제한 | |
| 헥사클로르벤젠 | 제조 · 수입 · 사용실적이 없는 물질 | | |
| 미렉스 | 제조 · 수입 · 사용실적이 없는 물질 | | |
| 다이옥신 · 퓨란 | 폐기물 관리법 (50톤 이상 소각시설) | 신규시설: 0.1ng TEQ/$Nm^3$ | 1997 |
| | | 기존시설: 0.5ng TEQ/$Nm^3$ | 1997 (2003.7부터 신규시설 기준 적용) |

(자료: 한국해양연구소 · 한국해양수산개발원, 1999)

# 6

# 환경 속의 중금속

# 6.1 금속 원소의 분류

아래 그림은 주기율표 원소들을 금속과 비금속 그리고 준금속으로 분류해 나타낸 것이다. 이들 중 금속은 다시 1족의 알카리 금속, 2족의 알카리토 금속 그리고 4주기 이상에서 나타나는 '전이 원소'로 나눌 수 있는데, 전이 금속의 대부분은 중금속으로 분류하기도 한다. 이러한 금속 분류에 따른 대표 원소들을 아래 표에 기술하였다.

**〈표〉** 주기율표 속의 금속 분류

| 금속 | 예 |
|---|---|
| 알카리금속<br>(alkali metals) | 리튬(Li), 소듐(Na), 포타슘(K), 루비듐(Rb) 및 세슘(Cs) |
| 알카리토금속<br>(alkali lanth methals) | 베릴륨(Be), 마그네슘(Mg), 칼슘(Ca),<br>스트론튬(Sr), 바륨(Ba) 및 라듐(Ra) |
| 준금속<br>(metalloid) | 붕소(B), 규소(Si), 저마늄(Ge), 비소(As),<br>안티몬(Sb), 텔루륨(Te), 폴로늄(Po) |
| 중금속<br>(heavy metals) | 크로뮴(Cr), 철(Fe), 니켈(Ni), 구리(Cu), 은(Ag),<br>금(Au), 카드뮴(Cd), 납(Pb), 수은(Hg) 등 |

## 6.1.1 중금속

중금속(heavy metal)에 대한 정의는 일정하지 않지만 그 단어가 의미하듯, 금속 성질을 갖는 원소 중에서 원자량이 큰 원소 혹은 밀도가 큰 원소를 가르킨다.

물리량으로 구별할 때 일반적으로 원자량은 20 이상이고, 밀도는 3.8 $g/cm^3$ 이상 혹은 물의 밀도를 기준으로 그의 5배인 5.0 $g/cm^3$ 이상인 금속으로 정의하기도 한다. 주기율표에서는 4주기 이상의 주족 원소 중 일부 금속 원소와 전이금속 원소 그리고 란타넘족 원소와 악티늄족 원소가 이에 해당한다.

밀도(d)가 5.0 $g/cm^3$인 중금속을 분류하여, 밀도 크기에 따라 $5.0 < d < 10.0$, $10.0 < d < 20.0$, $d > 20.0$인 중금속을 주기율표에 그림으로 표기하고, 각 원소의 밀도값을 표에 기술하였다.

밀도가 5.0 이상이고 10.0 $g/cm^3$ 이하인 중금속에는 사주기 전이원소와 란탄족 원소가 속하고 7주기에서는 알카리토금속인 Ra이 여기에 해당한다. 그리고 밀도가 10.0 $g/cm^3$에서 20.0 $g/cm^3$사이에 속하는 중금속엔 Np을 제외한 악틴족 원소가 해당한다. 한편 주기율표 6주기와 7주기원소의 일부와 악틴족 중 Np원소는 밀도가 20.0 $g/cm^3$이다.

여러가지 오염물질들과 마찬가지로 중금속도 그 원소 자체의 독성과 중금속 화합물이 나타내는 독성으로 인해 환경화학에서의 중요하게 다루며 많은 연구의 대상이 된다.

**〈그림〉** 밀도(d g/cm$^3$)에 따른 중금속 분류

**〈표〉** 각 주기에 속하는 중금속 원소와 밀도

| 4 주기 금속 | 밀도 |
|---|---|
| | |
| 바나듐 | 6.11 |
| 크로뮴 | 7.14 |
| 망가니즈 | 7.47 |
| 철 | 7.874 |
| 코발트 | 8.90 |
| 니켈 | 8.908 |
| 구리 | 8.92 |
| 아연 | 7.14 |
| 갈륨 | 5.904 |
| 저마늄 | 5.323 |

| 5 주기 금속 | 밀도 |
|---|---|
| 지르코늄 | 6.511 |
| 나이오븀 | 8.570 |
| 몰리브데넘 | 10.28 |
| 테크네튬 | 11.50 |
| 루테늄 | 12.37 |
| 로듐 | 12.45 |
| 팔라듐 | 12.023 |
| 은 | 10.49 |
| 카드뮴 | 8.65 |
| 인듐 | 7.31 |
| 주석 | 7.31 |
| 안티모니 | 6.697 |

| 6 주기 금속 | 밀도 |
|---|---|
| 하프늄 | 13.31 |
| 탄탈럼 | 16.65 |
| 텅스텐 | 19.25 |
| 레늄 | 21.03 |
| 오스뮴 | 22.61 |
| 이리듐 | 22.65 |
| 백금 | 21.45 |
| 금 | 19.32 |
| 수은 | 13.55 |
| 탈륨 | 11.85 |
| 납 | 11.34 |
| 비스무트 | 9.78 |
| 폴로늄 | 9.20 |

## 6.1.2 필수 중금속과 독성 중금속

중금속이 그 원소 자체로 모두 독성을 나타내는 것은 아니다. 오히려 독성을 나타내는 중금속도 존재 여건에 따라 인체나 생물계에서 중요한 기능을 담당하면서 없어서는 안되는 중금속도 많다.

일련의 중금속들(예를 들어 철(Fe), 구리(Cu), 아연(Zn), 크로뮴(Cr), 셀레늄(Se), 코발트(Co) 등)은 인체에 반드시 필요한 필수 원소로, 체내에서 부족할 경우 결핍 증상이 나타난다. 크로뮴 결핍은 당뇨병, 니켈 결핍은 성장 장애를 일으킨다. 비소(As)나 니켈(Ni) 등 일부 필수 원소는 아직 그 생리 기능을 충분히 이해하지 못하고 있다. 한편 과다한 양의 수은(Hg), 납(Pb), 카드뮴(Cd), 비소(As)와 몰리브데늄(Mo) 등은 독성물질로 작용하는 것이 증명되었다. 따라서 어떤 중금속이 필수원소인지 독성물질로 작용하는 지의 여부는 단지 섭취하는 양의 문제이다. 그 양의 차이는 원소에 따라 다르다.

아래 표에 중금속의 한 분류 방법을 표기 하였다. 중금속 중 인체에 필요한 영양 원소도 상대적인 체내 존재량 혹은 필요량에 따라 다량 혹은 미량 영양 원소로 분류할 수 있으며, 인체 및 환경에 독성을 나타내는 대표적 중금속이나 산업이나 생활에서 이용도가 높아 값이 비싼 귀금속 류의 중금속 등으로 나눌 수도 있다.

〈표〉 특성에 따른 중금속 분류

| | |
|---|---|
| 다량 영양원소 | 코발트(Co), 구리(Cu), 아연(Zn) 및 철(Fe) |
| 미량 영양원소 | 구리(Cu), 니켈(Ni), 크로뮴(Cr) 및 철(Fe) |
| 독성 원소 | 카드뮴(Cd), 납(Pb), 은(Ag), 수은(Hg) |
| 귀금속 원소 | 백금(Pt), 은(Ag), 금(Au) |

# 6.2 중금속의 거동

중금속은 일반적으로 대기 속에서는 먼지 형태로 널리 분산되어 수계와 토양에 이른다. 수계에서는 용해되거나 희석되고, 일부는 물에 잘 녹지 않는 탄산염, 황산염 또는 황화염 등으로 침전을 형성하여 수계 토양에 축적된다. 하지만 축적된 중금속도 침전물의 토양이나 퇴적물의 흡착능을 넘어서면 다시 물속에서의 중금속 농도가 증가한다.

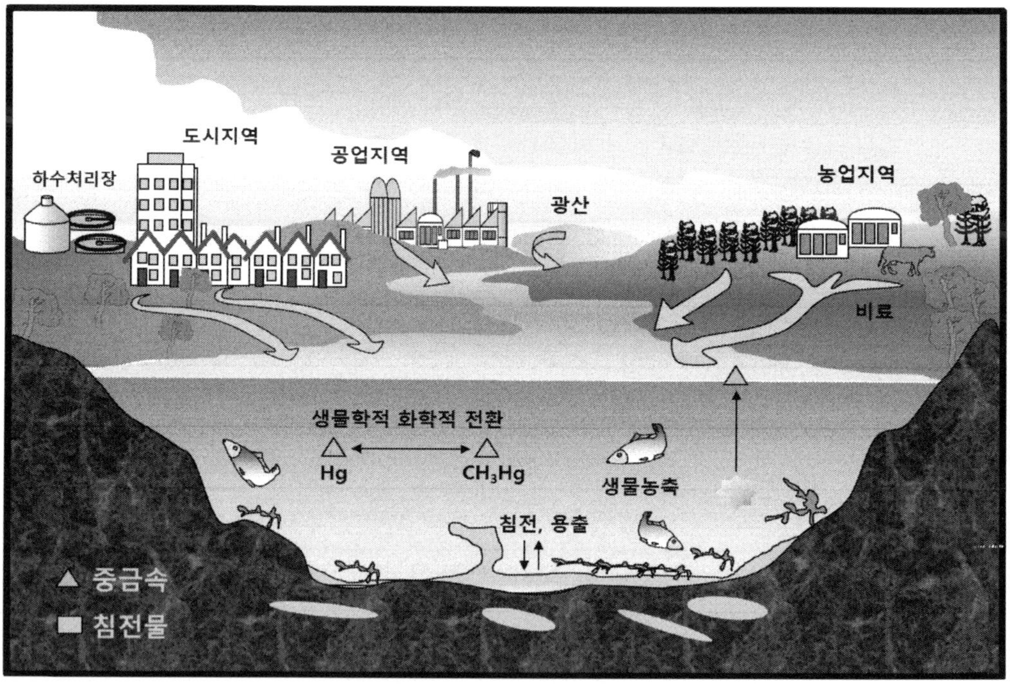


〈그림〉 중금속의 발생과 환경으로의 유입

대기, 수질, 토양 및 생물계에서의 중금속 순환은 각 중금속 원소의 화학종 변환에 따라 다양한 특성을 나타낸다. 특히 중요한 의미를 띄는 반응은 미생물을 통한 유기 메틸화(biomethylation)인데, 이것은 수은(Hg), 납(Pb), 카드뮴(Cd), 셀레늄(Se) 등 독성이 큰 중금속이 유기 물질이나 생물 물질과 반응하여 유기 금속 화합물을 형성함으로써 인간을 중심으로 한 생물계에 심각한 결과를 일으킨다.

환경에서의 거동이 많이 알려진 가장 대표적인 독성 중금속의 한 예로 금속이나 결합 형태로 대기 속에 많은 양이 분포되어 있는 납(Pb: lead)을 들 수 있다. 과거에 자동차의 주행 성능을 개선하기 위하여 휘발유에 첨가하는 안티 녹킹제(anti-knocking)로 막대한 양의 사에틸납(tetraethyllead)을 사용하였다. 점차 무연(lead-free) 휘발유를 사용함으로써 납 배출 문제는 해소되었으나, 기존에 배출된 양은 주변 환경에 많이 남아 여전히 영향을 끼치고 있다. 한편 대기 오염 등으로 인해 납 함유 도료나 건축 재료의 부식이 일어나면서 환경에 유입되는 납 오염이 있으며, 또한 멈추기 어려운 자원 개발 행위로 인하여 광산 주변에서 발생하여 환경으로 유입 되는 납과 같이 여러 요인에 의한 납 오염과 그의 확산은 지속되고 있다.

한편 중금속으로 인한 환경오염에서 역사적으로도 중요한 의미를 갖는 대표적 중금속인 수은(Hg: mercury)과 카드뮴(Cd: cadmium)이 있는데, 수은은 일상의 하수처리 슬러지에도 들어있고, 카드뮴은 합금 산업, 야광 도료, 비료 그리고 가정 폐기물이나 하수 슬러지 등 다양한 배출원에서 발생하여 여러 경로를 거치면서 인체와 환경에 영향을 끼친다.

## 6.2.1 중금속의 발생

중금속은 자연적인 지각 조성 물질에 속하지만, 토양 및 지하자원 개발로부터 시작하여, 광산, 제철, 금속 가공, 시멘트 생산, 발전소를 비롯한 에너지 분야 및 화학 공업 등 수 많은 산업의 다양한 공정에 포함되어 있으며, 폐수나 폐기물 또는 배출가스와 함께 나타나거나 농업 등에서 사용하는 화학물질과 함께 환경 중에 인위적인 오염물질로 유입된다. 그 밖에도 일상적인 중금속 오염으로 도로에서의 자동차 배기가스나 제동장치, 타이어 및 도로 포장재에서의 마모 물질, 그리고 담배연기 속에도 위험한 농도 수준의 중금속이 발견된다.

## 6.2.2 중금속의 확산

폐수, 폐기물 혹은 농업 사용 화학 물질 속의 중금속 중 일부는 직접 수계나 토양 속에 유입되기도 하지만 더 많게는 작은 입자상 물질에 결합한 후 지표면에 가라앉기 전에 공기 흐름을 따라 멀리까지 이동한다. 수계나 토양 속의 중금속은 분해되지 않고 농축되거나 지하수계까지 이동하기도 한다. 그 중금속을 식물이나 동물이 섭취하게 되면 생물 농축, 생물 확대 등을 거쳐 사람에게까지 영향을 끼치게 된다.

## 6.2.3 중금속의 인체 내 영향

독성 중금속은 대체로 식품이나 음용수를 통해 인체 내 여러 기관에 도달하거나 호흡을 통해 체내에 들어오는데 섭취하는 장소에 따라 주로 위장기관이나 폐에서 재흡수가 일어난다. 그로부터 체액과 함께 간, 신장, 근육, 뼈, 치아 또는 지방조직과 같은 다양한 곳으로 이동하여 축적되거나 일부는 아주 천천히 체외로 배출된다. 따라서 축적된 기관 속이나 조혈 계통 혹은 신경 계통에서 중금속과 관련된 영향이 나타난다. 중금속 마다 각 기관에서의 생화학적인 특성은 다르기 때문에 중금속 중독으로 나타나는 증상도 매우 다양하다.

아래 표에 인체에 관련한 중금속중에서 반드시 필요한 금속 원소와 어느 정도 필요한 원소 그리고 독성을 띄는 원소 몇 가지를 나타내었다. 이 분류는 개략적인 것으로 더 다양한 원소들의 구체적인 인체 영향은 각 원소의 양과 화학반응 특성에 따라 달라진다.

〈표〉 인체에 끼치는 영향에 따른 중금속의 분류의 예

| 필수원소 | 철, 아연, 구리, 크로뮴, 코발트, 몰리브데늄, 셀레늄 |
|---|---|
| 유용원소 | 규소, 망가니즈, 니켈, 붕소, 바나듐 |
| 독성금속 | 수은, 카드뮴, 납, 크로뮴, 비소 |

다음 표에 기술한 것은 몇 가지 중요한 중금속이 사람 몸에 축적될 때 주로 영향을 끼치는 체내 기관과 그때 나타날 수 있는 독성의 몇 가지 예이다.

〈표〉 중금속 영향을 받는 인체 부위와 독성

| 중금속 | 영향받는 장기 | 독성 |
|---|---|---|
| 아연 | 혈액(blood) | 혈독 독성(hemo toxicity) |
| 비소 | 간(liver) | 간 독성(hepato toxicity) |
| 수은과 납 | 뇌(brain) | 신경 독성(neuh toxicity) |
| 카드뮴 | 신장과 폐<br>(kidney & lungs) | 신 독성 및 폐 독성<br>(nephron toxicity & pulmono toxicity) |

앞서 살펴본 대로 중금속의 종류는 매우 다양하며 각 중금속이 모두 고유의 특성을 갖고 인체나 환경에 영향을 끼칠 수 있다. 여기에서는 환경에서 많이 언급되는 중금속의 예로 크로뮴, 납, 카드뮴 그리고 수은에 대해 알아본다.

## 6.3.1 크로뮴

크로뮴(chromium: Cr) 주로 비철금속 합금 생산에 사용된다. 크로뮴 금속은 알러지성 피부 반응을 일으킬 수 있다. 크로뮴 화합물 중에서는 산화수가 +3, +6인 Cr(III)과 Cr(VI)만 독성학적인 관심 물질이다. Cr(VI)화합물이 세포막을 통해 체내에 더 쉽게 들어오는데, 대부분의 독성 현상은 세포 내에서 Cr(VI)이 Cr(III)으로 환원되는데 기인한다. 산화수 +3인 크로뮴은 포유동물의 필수 미량원소이지만 과량은 유해하다. 크로뮴 염은 피부와 점막에 급성 염증을 일으키고, 호흡을 통한 Cr(VI) 유입은 난치성 호흡기 궤양을 일으키고 간의 효소 작용을 방해한다.

크로뮴(Cr)은 체내 수용율이 놀라울 정도로 높아서, 일반적인 체내 크롬 농도인0.01-0.1 ppm의 100-200배 정도까지 위해 없이 수용된다.

## 6.3.2 납

금속 납(lead: Pb) 자체는 합금의 주요 구성 물질로 축전지 등에 이용되며, 80 % 이상 재활용된다. 납 안료는 부식 방지를 위한 하도 도장이나 채색에 다량 사용된다. 사에틸납(tetraethyl lead)과 같은 유기 납 물질은 안티-녹킹제로 연료에 첨가되어 막대한 양이 소비되었는데 이는 휘발유에 납을 첨가하면 촉매 기능을 통해 일산화탄소와 같은 유해물질 생성을 감소시키는 등의 이유에 따른 것이었다.

유기 납 화합물의 독성은 무기 납화합물과는 다르다. 물론 납은 그 자체가 무기화합물과 함께 독성을 나타낸다. 그러나 납은 인체 수용성이 좋아서 급성 독성을 나타내는 경우는 드물고, 위험한 것은 소량을 지속적으로 섭취하는 것이다. 무기 납 화합물은 뼈와, 치아 및 머리카락 등에 쌓이는데, 인체 내에서의 반감기는 20년 이상이다. 주된 독성은 신장, 고환, 위장관 및 신경계와 헤모글로빈 합성에 영향을 끼치고 납 질환을 일으켜 무력감, 식욕 부진 두통 및 근육 약화 등을 유발한다. 납 질환 치료는 체내에 있는 납이 강력한 킬레이트 시약(chelating agent)과 착물을 형성토록 하는데 기반을 둔다.

납은 인체내 축적되는 경향이 큰데 이는 체내에서 난용성인 납 염, 예를 들어 $Pb_3(PO_4)_2$, $Pb_4O(PO_4)_2$, $Pb_5(PO_4)_3$ OH와 같은 인산염이나 탄산염, $PbCO_3$, 그리고 황화염, Pbs 형성에 따른 것이다. 식물은 인간에 비해 납 저항성이 커서 식품 채소 속의 납 농축은 큰 문제가 되지 않는다.

유기 납 화합물, 특히 안티-녹킹제로 휘발유에 첨가되는 사에틸 납($Pb(C_2H_5)_4$)은 쉽게 라디칼로 분해되고, 연료에는 할로젠 치환 화학물질이 첨가되어 납과 반응한 후 무기 납 화합물로 배출되기도 한다. 유기 납 화합물은 지용성(fat soluble)이기 때문에 피부나 폐에 흡수되어 최종적으로 뇌에 도달하는데 납 중독 초기에는 환각, 홍분, 경련 증상을 나타내다가 나중에는 파킨슨병이나 마비를 일으킨다.

### 6.3.3 카드뮴

카드뮴(cadmium: Cd)은 우리 주변 어디에나 있는 물질로 주로 합금과 배터리 제조 산업 등에서 사용한다. 일반적으로 토양에 유입된 카드뮴의 양은 납보다 적으며, 카드뮴으로 인한 주된 오염은 연소가스로 인해 오염된 공기와 인산염 비료 등을 통해서 일어나는데 그 농도나 양은 발생원에 따라 차이가 난다.

구강을 통한 용해성 카드뮴염 섭취는 구토, 간 손상 및 마비의 원인이 된다. 체내 농축을 통해 발생하는 폐해로 '이타이-이타이(itai-itai)'병이 알려져 있는데, 이 병에 걸리면 골격 축소가 뚜렷이 나타난다. 공기 등을 통해 장기적으로 카드뮴을 흡입하면 점막염이나 폐와 신장 손상이 나타나며, 동물 실험 결과에서는 암 발생이 뚜렷하다.

성인 몸속에는 약 30 mg의 카드뮴이 함유되어 있는데, 카드뮴의 독성 작용의 하나는 카드뮴이 아연(Zn)을 함유한 효소의 아연을 대신함으로써 효소 기능을 상실하게 되는 경우이다.

## 6.3.4 수은

수은(mercury: Hg)은 수은 화합물에서 뿐 아니라 물론 수은금속 자체도 독성을 나타낸다. 수은의 위험성은 액체 금속인 수은의 증기압이 큰데 따른 것이어서, 수은을 취급하는 작업은 환기에 유의해야 한다. 공기를 통해 수은 증기를 지속적으로 흡입하면, 두통, 떨림, 방광염, 기억력 상실 등의 수은 중독증이 나타난다.

유기 수은 화합물은 독성이 더 특별한데, 그로 인한 대규모 환경 오염 사건이 일본 미나마타에서 발생하였다. 이 사건은 1956년 일본 미나마타 만에 사는 다수의 해안가 주민에게서 신체 마비와 시청각 장애를 비롯한 중추 신경 질환이 발견, 보고 되고 그 후 환자의 절반이 사망하는 등 치명적인 결과를 낳았는데, 이로부터 문헌에 '미나마타 병(Minamata disease)'이라는 개념이 오르게 되었다. 오랜 노력 끝에연구진이 규명한 오염 과정은 다음과 같다.

아세트 알데히드를 생산하는 미나마타의 공장에서 폐기한 수은 촉매가 강을 따라 만에 유입되는 과정에서 미생물 반응 등을 거치면서 유기 수은 화합물인 메틸수은(methyl mercury; $CH_3Hg$) 등의 유기 수은 화합물로 전환되고, 이는 물고기와 사람에게로 이동하며 생물 농축을 일으킨 것이었다.

이 사건은 환경오염의 발생과 규명 그리고 그에 대한 시민과 기업, 정부의 인식이 전개되는 과정을 살펴볼 수 있고 그에 따른 교훈을 얻을 수 있는 중요한 사례로, 사건이 발생한 미나마타시에서 작성한 보고서에 기술된 사건 경위는 다음과 같다.

**미나마타병**

주민들의 집단발병을 조사한 구마모토 대학 연구진이 미나마타 질소 비료 공장 폐기물에서 시작된 메틸수은 중독이 원인이라는 조사 연구결과를 발표한 것은 1959년이었으나 정부가 공장 폐수와 발병 사이의 관계를 인정한 것은 1968년, 구마모토 지방 법원에서 국가와 지방정부책임이 인정된 것은 1987년이었으며, '미나마타병'에 대해 정부가 책임을 져야 한다는 대법원 판결은 2004년에서야 나왔다.
환자 발견 첫 보고 후 50년이 지난 2006년에 314명의 희생자 이름이 새겨진 미나마타 병 위령비가 세워졌다.

〈출처: 미나마타현 보고서 중에서 부분 인용〉

미나마타 병을 일으킨 수은은 무기 수은이 생물계에 축적되기 쉬운 유기금속 화합물로 전환된 후 먹이사슬을 통하여 생물 농축을 일으키고 사람의 체내에서 독성을 나타내는 농도에 이르게 된 것이다. 인체 내에서 수은의 반감기는 약 80일이다.

# 6.4 산성 광산 배수

## 6.4.1 산성 광산 배수란 무엇인가?

석탄이나 금속 등을 채굴하는 광산 혹은 광산 폐기물이 쌓인 곳에서 흘러나오는 물로, 산도(acidity)가 매우 높고 용존 금속 농도가 큰 배수를 일컫는다. 이는 지표 · 지하 자원 개발이 행해지는 대부분의 곳에서 나타나는 중요한 환경문제이다.

금, 은 등의 귀금속 뿐 아니라 철, 구리, 납, 아연 등의 개별 광산 혹은 여러 금속이 동시에 채굴되는 금속 광산이나 석탄 채굴은 인류 역사와 함께 시작되었고 산업화 이후에는 대량 작업이 가능해졌다. 광산 개발 과정에서 폭파와 채굴 작업 그리고 광산 종료에 이르는 동안의 배수 체계와 폐기물 적치, 광산 종료 후 배수 펌프의 제거, 지하 수위의 상승 등은 산성 광산 배수(acid mine drainage: AMD)가 발생되는 여건을 이루게 된다.

## 6.4.2 산성 광산 배수의 화학

석탄이나 여러 광산 광물질과 폐기물 중 황화철광(Pyrite)과 같은 황 함유 광물이 중화되는 과정에서 지화학적인 반응과 미생물 반응을 거친다. 공기, 물, 박테리아 등이 존재하는 환경에서 황 함유 광물이 산화하면 황산이 형성되고 그에 따라 주변 수역의 산도가 증가할 수 있다. 그렇게 형성된 pH가 낮은 물/광물 경계 영역에서는 금속의 용출이나 용해가 일어나고 물속의 중금속 농도는 증가한다.

이러한 산성 광산 배수의 발생 과정은 다음과 같은 화학 반응으로 기술할 수 있다.

물과 산소가 존재할 때 황 함유 광물(황화철, Pyrite)은 철, Fe(Ⅲ)과 황산염 수소 이온으로 분해된다.

$$2FeS_2 + 7O_2 + 2H_2O \rightleftharpoons 4Fe^{2+} + 4SO_4 + 4H+$$

Fe(Ⅱ)이 Fe(Ⅲ)으로 산화하는 다음 반응은 속도 결정 단계(rate determining step)에 해당한다.

$$4Fe^{2+} + 7O_2 + 2H_2O \rightleftharpoons 4Fe^{3+} + 2H_2O$$

Fe(Ⅲ)은 가수분해하여, pH 3.5 이상에서는 수산화철, $Fe(OH)_3$, 침전이 일어난다.

$$2Fe^{3+} + 12H_2O \rightleftharpoons 4Fe(OH)_3 + 12H^+$$

위 반응에서의 $Fe^{3+}$는 추가적인 Pyrite의 산화에서 산화제로 작용하여 순환과정을 통해 자기 확산 단계(self-propagating step)를 거친다.

$$FeS_2 + 14Fe^{3+} + 8H_2O \rightleftharpoons 15Fe^{2+} + 2SO_4^{2-} + 16H^+$$

이로써 산성 광산 배수 생성에 관한, 전체를 나타내는 총괄 화학 반응식은 다음과 같이 쓸 수 있다.

$$4FeS_2 + 15O_2 + 14H_2O \rightleftharpoons 4Fe(OH)_3 + 8H_2SO_4$$

아래의 사진은 산성 광산 배수를 생성하는 주 원인 물질인 황화철 광물과 그의 반응으로 산도가 매우 낮아진 수역의 바닥에 형성된 철 침전물을 보여 준다.

〈그림〉 황화철 광물과 광산배수 침전물

## 6.4.3 산성 광산 배수의 영향

산성 광산 배수가 수질 계에 끼치는 직접 영향은 물의 산도를 증가시키고 산소 결핍을 유발한다. 산성 광산 배수의 화학적인 특성은 광물의 풍화작용을 심화시켜 광물속의 중금속이나 독성 원소가 주변 수계로 유입되기도 한다. 또한 지각에 가장 흔한 원소 중 하나인 철 수산화물, $Fe(OH)_3$ 이 수계에 침전을 형성함으로써 주변 물이나 바위 표면을 옅은 오렌지색으로 착색시킨다.

물의 pH가 낮아지고 용존 산소량이 감소함으로써 수중생물계에 적합하지 않은 수환경이 되기도 한다. 색을 띠는 $Fe(OH)_3$ 침전 생성물은 물의 탁도를 증가시킴으로써 수계의 광합성 능력을 떨어뜨리고, 물고기의 아가미가 막히거나 저서 생물의 호흡 방해, 조류 발생 혹은 직접적인 독성 발현이나 황폐한 수중 서식지에서 토양 입자 간극 막힘 등 여러 가지 생태계 교란을 일으키기도 한다. 또한 수중 식물이 사라지면서 물 흐름이 변하고 수중 서식지 환경에 관련된 생물체들이 영향을 받는다. 한편 인간 생활에서도 관련되어 배관이나 펌프, 교량의 부식, 정수 설비 교란, 양어장 폐해 등의 영향이 나타날 수 있다.

이동석 • 뮌헨공과대학교 화학생물지질학부 이학박사
• (현) 강원대학교 환경공학과 교수

# 기본 환경화학

1판 1쇄 발행 2019년 09월 25일
1판 2쇄 발행 2021년 03월 15일
저 자 이동석
발 행 인 이범만
발 행 처 **21세기사** (제406-00015호)
경기도 파주시 산남로 72-16 (10882)
Tel. 031-942-7861 Fax. 031-942-7864
E-mail : 21cbook@naver.com
Home-page : www.21cbook.co.kr
ISBN 978-89-8468-847-6

**정가 16,000원**